**İrfan Kösesoy**

# Uydu Görüntülerinin Zenginleştirilmesinde IHS Tabanlı Yöntemler

AF570575

İrfan Kösesoy

# Uydu Görüntülerinin Zenginleştirilmesinde IHS Tabanlı Yöntemler

Türkiye Alim Kitapları

**Impressum / Yayınevi adı**
Bibliografische Information der Deutschen Nationalbibliothek: Die Deutsche Nationalbibliothek verzeichnet diese Publikation in der Deutschen Nationalbibliografie; detaillierte bibliografische Daten sind im Internet über http://dnb.d-nb.de abrufbar.
Alle in diesem Buch genannten Marken und Produktnamen unterliegen warenzeichen-, marken- oder patentrechtlichem Schutz bzw. sind Warenzeichen oder eingetragene Warenzeichen der jeweiligen Inhaber. Die Wiedergabe von Marken, Produktnamen, Gebrauchsnamen, Handelsnamen, Warenbezeichnungen u.s.w. in diesem Werk berechtigt auch ohne besondere Kennzeichnung nicht zu der Annahme, dass solche Namen im Sinne der Warenzeichen- und Markenschutzgesetzgebung als frei zu betrachten wären und daher von jedermann benutzt werden dürften.

Deutsche Nationalbibliothek tarafından yayınlanan bibliyografik bilgiler: Deutsche Nationalbibliothek, bu yayını Deutsche Nationalbibliografie'de listeler; detaylı bibliyografik bilgi İnternet'te http://dnb.d-nb.de sitesinde mevcuttur.
Bu kitapta bahsedilen herhangi bir marka ve ürün adı, tescilli marka, marka veya patent korumasına tabidir ve ilgili sahiplerin ticari veya tescilli markalarıdır. Marka, ürün, ortak ve ticari adların, ürün açıklamalarının v.s. işbu eserde özel işaretleme olmadan bile kullanılması, bu çeşit adların, tescilli marka ve marka korunması kanunu açısından kısıtlanmamış ve böylece herkes tarafından kullanılabilir olarak hiç bir şekilde yorumlanamaz.

Coverbild / Kitap kapağı resmi: www.ingimage.com

Verlag / Yayıncı:
Türkiye Alim Kitapları
ist ein Imprint der / yayınevinin bir ticari markasıdır
OmniScriptum GmbH & Co. KG
Heinrich-Böcking-Str. 6-8, 66121 Saarbrücken, Deutschland / Almanya
Email / E-posta: info@turkiye-alim-kitaplary.com

Herstellung: siehe letzte Seite /
Basım yeri: son sayfaya bakın
**ISBN: 978-3-639-67146-9**

Zugl. / Approved by: Edirne, Trakya Üniversitesi, 2009

Copyright / Telif hakkı © 2014 OmniScriptum GmbH & Co. KG
Alle Rechte vorbehalten. / Her hakkı saklıdır. Saarbrücken 2014

# TEŞEKKÜR

Bu önemli konuda çalışmamı sağlayan, bana yol gösteren, destek ve yardımlarını esirgemeyen tez danışmanlarım Yrd. Doç. Dr. Altan MESUT'a ve Yrd. Doç. Dr. Müfit ÇETİN'e, konu hakkında bilgisinden yararlandığım Yrd. Doç. Dr. Abdulkadir TEPECİK'e, çalışmam için gerekli ortamın yaratılmasını sağlayan ve tüm yoğun zamanlarımda anlayışlı olan aileme ve çalışma arkadaşlarıma teşekkürlerimi sunarım.

# İçindekiler

## Özet

Son yıllarda uzay teknolojilerindeki gelişmelere paralel olarak sivil amaçlı yer gözlem uydularının sayısı, kullanımı ve bununla birlikte önemi askeri ve günlük hayatta giderek artmaktadır. Yer gözlem uydularındaki kullanılan elektro-optik algılayıcılar mekânsal ve spektral teknik özellikler bakımından birbirine farklı üstünlüklere sahiptirler. Bununla birlikte, araştırmacılar çalışmalarında daha verimli ve doğru sonuçlara ulaşabilmek için farklı algılayıcıların sahip olduğu mekânsal ve spektral bilgilerden optimum olarak faydalanabilme arayışına girmişlerdir. Dolayısıyla günümüzde literatürde bu ihtiyaca cevap vermek için mekânsal ve spektral çözünürlüğe sahip verileri birleştiren birçok yöntem geliştirilmiştir. Bu yöntemler arasında özellikle IHS metodu mekânsal zenginleştirme ve işlem hızı açısından günümüzde gigabyte mertebesine varan IKONOS ve QuickBird gibi yüksek çözünürlüklü görüntülerle birlikte yaygın olarak kullanılmaya başlanan etkin yöntemlerden birisidir. Bu kapsamda son yıllardaki literatür çalışmalarında IHS dönüşümüne dayalı geliştirilen GIHSF, GIHS, GIHSA gibi yeni görüntü birleştirme yöntemleri IHS'nin görüntü birleştirmede hala etkin bir metot olduğunu göstermektedir.

IHS yöntemi görüntü detay bilgisini yeterli derecede koruması ve hızlı bir yöntem olmasına rağmen birleştirme işlemi sonrası elde edilen zenginleştirilmiş görüntüdeki renk bozukluklarının oluşmasına dolayısıyla spektral kalitenin düşmesine sebep olmaktadır. Bu amaçla tez çalışmasında farklı spektral ve geometrik özelliklere sahip pankromatik ve çok bantlı uydu görüntülerini birleştirerek zenginleştirilmiş veri oluşturmaya yönelik IHS dönüşümüne dayalı yeni bir yaklaşım önerilmiştir. Önerilen yöntemde IHS'nin yoğunluk bileşenini bulmak için kullanılan katsayılar özvektörler yardımıyla elde edilmiştir. Görüntü bantlarına ait katsayıların bulunmasında iteratif bir özvektör bulma yöntemi olan kuvvet metodu kullanılmıştır. Yöntemin uygulamadaki başarısını test etmek için Kayseri ilinin kent ve kırsal alanına ait QuickBird görüntüleri kullanılmıştır. Önerilen yöntem ve diğer IHS'ye dayalı yöntemlerle elde edilen görüntüler görsel ve çeşitli istatistiksel spektral analiz metriklerine bağlı karşılaştırılarak değerlendirilmiştir.


Anahtar Sözcükler : Görüntü İşleme, Uzaktan Algılama, Görüntü Birleştirme, IHS

## ABSTRACT

In recent years, with the advances in sensor technology; the number of earth observation satellites, their usage in civil and military life together with their importance have been increased. Electro-optical sensors have different technical characteristics and capabilities in terms of spatial and spectral characteristics. Researchers need to use optimized spatial and spectral information of different sensors in order to achieve more accurate results. In the literature, many methods of combining data from different spectral and spatial resolution have been developed. IHS method is one of the most widely used algorithms in spatial enhancement and effective in processing the data with huge size reaching gigabytes such as Quickbird and Ikonos satellite images with comparable processing speed. In recent years, development of the modified IHS-based image fusion algorithms like Fast-IHS, GIHS, and GIHSA indicates that IHS method is still an effective method for image fusion.

IHS method resulting in enhanced spatial resolution with fast processing causes spectral distortions reducing spectral quality. In this thesis, a new method based on IHS transform merging multispectral and panchromatic satellite images with different spectral and spatial resolution is proposed. With the proposed method, the coefficients to get the intensity component are found by the use of eigenvectors. Coefficients are found with power method which is an iterative Eigen value finding method. To test the success of the method multispectral and panchromatic images from rural and urban part of Kayseri province are used. The experimental results belonging to IHS based new method and other IHS-based methods are compared with visual analysis and other statistical spectral metrics.

# 1. Giriş

Son yıllarda sivil amaçlı yer gözlem uydularından elde edilen yüksek çözünürlüklü görüntüler ile birlikte yeryüzü hakkında daha detaylı bilgiler sağlanabilmekte ve daha kapsamlı çalışmalar yapılabilmektedir. Bununla birlikte, uydu görüntüleri telekomünikasyon, lojistik, ulaştırma gibi yerel ve bölgesel çalışmaların yanı sıra Google Earth gibi ücretsiz teknolojik hizmetlerle hem iş hem de günlük yaşamda kullanılmaktadır. Özellikle, yeni nesil algılayıcıların (QuickBird, IKONOS, WorldView vb.) geliştirilmesi ile birlikte spektral ve mekansal bilgi olarak daha zengin olan görüntüler şehir planlama, su kirliliği, tarım ve orman gibi bir çok uygulamada kullanılmaktadır. Çok bantlı uydu görüntüleri yeryüzü hakkında önemli bilgiler sağlamasına rağmen geometrik çözünürlüğe bağlı olarak sahip oldukları detay bilgisi ile bilimsel ve ticari alanda yapılan birçok uygulamada ihtiyaca tam olarak cevap verebilmiş değildir. Dolayısıyla, görüntülerdeki detay bilgisini zenginleştirmek bilimsel ve ticari alanda yapılan birçok uygulamada görüntü birleştirme yöntemi kullanılmaktadır.

Görüntü birleştirme, yüksek çözünürlüklü çok bantlı (Multispectral-MS) görüntü elde etmek amacıyla, yüksek mekânsal çözünürlüklü pankromatik (Panchromatic-Pan) görüntünün geometrik bilgisi ile yüksek spektral çözünürlüklü MS görüntünün renk bilgisinin birleştirilerek zenginleştirilmiş yeni MS görüntünün elde edilmesidir (Zhang, 2004). Literatürde görüntü zenginleştirme işlemini yapan birçok yöntem mevcuttur. Bunlardan en çok kullanılanları Intensity-Hue-Saturation (IHS), Ana Bileşen Analizi (PCA), Brovey dönüşümü ve Dalgacık dönüşümü (WT) yöntemleridir (Tu, Shun-Chi Su, 2001). Görüntü birleştirme yöntemi literatür çalışmalarının büyük çoğunluğunda görsel amaçlı yorumlamada kullanılsa da nesne çıkarımı, obje sınıflandırma gibi bir çok görüntü analiz işlemlerinde de etkili olarak kullanılmaktadır (Munechika, 1993).

Görüntü birleştirme yöntemleri kendi aralarında kıyaslandıklarında birbirlerine göre üstünlükleri olduğu görülür. Örneğin dalgacık dönüşümü yönteminde renk bozulmaları az olduğu halde yeterli mekânsal (detay) zenginleştirmeyi yapamamaktadır. Diğer yandan, IHS dönüşümüne dayalı yöntemler büyük boyutlu verilerin hızlı ve pratik bir şekilde birleştirmesinde etkili olduğu görülmektedir. Bununla birlikte, IHS yöntemi görüntülerde yeterli detay zenginleştirmesini verirken diğer yandan sonuç görüntüde spektral bozulmalara sebep olmaktadır.

Görüntü birleştirme yöntemlerinin birçoğunda karşılaşılan ortak problem birleştirme sonrasında meydana gelen spektral (renk bilgisi) bozulmalarıdır. Renklerin korunması nesne tanıma, obje çıkarımı ve görüntü analizi gibi işlemlerin yapıldığı birçok uygulamada elde edilen sonuçların doğruluğu açısından önemlidir. Bu sebeple, kullanılan yöntemin görüntüye ait renk bilgisinin mümkün olduğu kadar koruması istenir (Balçık, Göksel, 2009). Son yıllarda, IHS yönteminde oluşan spektral bozulmaları azaltmak ve yeni nesil yüksek çözünürlüklü uydu görüntülerine uygulayabilmek için GIHSF ve Generalized–IHS, Generalized IHS Adaptive (GIHSA) gibi farklı yöntemler geliştirilmiştir.

Bu tez çalışmasında önerilen yeni IHS yaklaşımı ile büyük boyutlu verilerin hızlı bir şekilde birleştirilmesi ve mekânsal detayların zenginleştirilmesi yanında renk bilgisinde oluşan bozulmanın en aza indirgenmesi amaçlanmaktadır. Bu kapsamda, IHS dönüşümü işleminde yoğunluk bileşeninin hesaplanmasında kullanılmak üzere uydu görüntüsünü oluşturan her spektral bant için özvektörleri yardımıyla ağırlık katsayılarını hesaplayan bir model geliştirilmiştir.

Tez şu bölümlerden oluşmaktadır;

2. Bölümde uzaktan algılamanın temel adımları, yeni nesil yeryüzü gözlem uyduları, uzaktan algılama görüntülerinin özellikleri, uzaktan algılama görüntülerinde çözünürlük ve görüntü işleme konuları anlatılmaktadır.

3. Bölümde görüntü zenginleştirme yöntemleri konusunda literatür bilgisi verilmektedir. Literatürde en çok kullanılan IHS dönüşümüne dayalı yeni yöntemler (GIHS, GIHSF, GIHSA) ile klasik Brovey, PCA ve son yıllarda geliştirilen dalgacık (Wavelet) dönüşümüne dayalı görüntü birleştirme yöntemleri anlatılmaktadır.

4. Bölümde tezde önerilen yöntem ve materyaller açıklanmaktadır. Önerilen yöntemde kullanılan özdeğer ve özvektör kavramları açıklanmakta ve literatürdeki uygulamalarından bahsedilmektedir. Ayrıca, bu yöntemler içinden özellikle büyük

boyutlu görüntü matrislerinin özvektörlerini bulmak için kullanılabilecek en hızlı özdeğer ve özvektör bulma yöntemleri anlatılmaktadır.

Tezde önerilen yeni yöntem Kayseri ilinden alınan uydu görüntüleri üzerinde uygulanmakta ve sonuç görüntüler literatürdeki diğer yöntemlerle kıyaslanmaktadır. 5. Bölümde ise önerilen yönteme ait sonuçlar tartışılmaktadır.

## 2. Uzaktan Algılama

Uzaktan algılama, fiziksel temas halinde olmadan yeryüzü hakkında bilgi edinme işlemine denir. Uzaktan algılama işlemi kabaca gözlemleme, algılama ve kayıt altına alma adımlarından oluşur. Gözlemlenen cisimlere ait bilgiler elektro-manyetik ışınlar yoluyla algılayıcılara ulaştırılır ve kayıt altına alınır. İnsanlar uzaktan algılama gerektiren gazete okuma, yemeğin kokusunu alma, müzik dinleme gibi işleri duyu organları ile algılarlar. İnsanlardaki duyu organlarının uzaktan algılama sistemlerindeki karşılıkları algılayıcılardır.

Şekil 2.1'de ışığın kaynağından çıkıp yeryüzünde yansımasından sonra algılayıcıya ulaşana kadar izlediği yol görülmektedir. Işık kaynağından çıkan elektromanyetik ışınlar yeryüzündeki cisimlerle (toprak, su, binalar... v.b.) etkileşime girerek üç yol izler; bir kısmı değdiği cisim tarafından absorbe edilir, bir kısmı geçirilir, bir kısmı da yansıtılır. Yansıyan ışınlar algılayıcılara ulaşır ve yansıtıldığı cismin özelliklerini içeren veriler olarak kaydedilir.

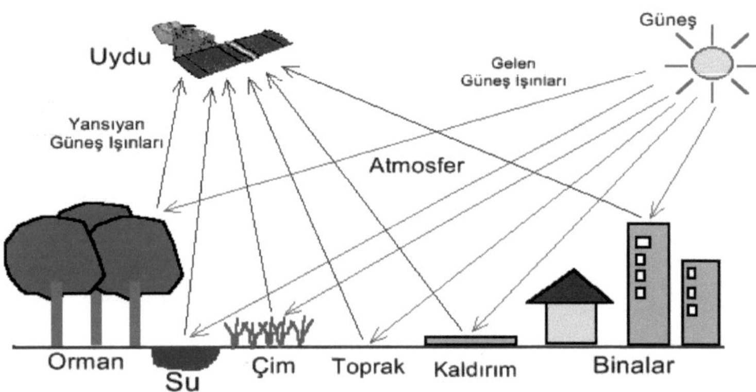


**Şekil 2.1.** Uzaktan Algılama İşlemi*

Şekil 2.2'deki elektro manyetik spektrumda farklı ışınlara ait dalga boyları verilmiştir. Maddeler yapısal özelliklerine bağlı olarak belirli aralıktaki dalga boyuna sahip ışınları yansıtırlar. Örneğin bitkiler elektro manyetik spektrumun mavi ve kırmızı bant aralığındaki ışınları soğururken yeşil bant aralığındaki ışınları yansıtırlar.

---

* http://www.crisp.nus.edu.sg/~research/tutorial/intro.htm

Yansıtılan enerjinin dalga boyu aralığı ve şiddeti cismin özelliklerine (yapısal, kimyasal ve fiziksel), yüzeyin pürüzlülüğüne ve ışığın geliş açısına bağlıdır.

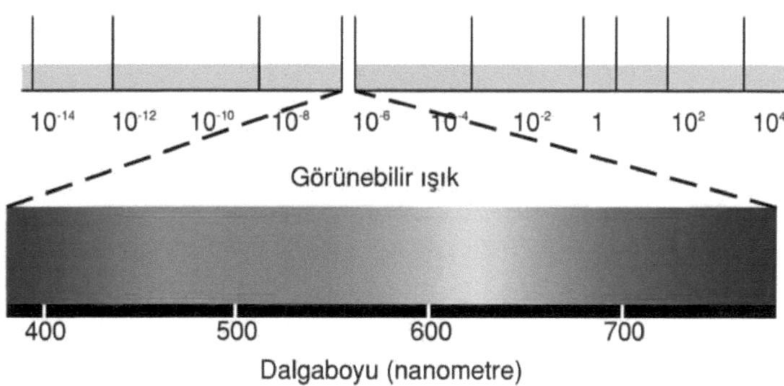


**Şekil 2.2.** Elektro Manyetik Spektrum*

İnsan gözü elektro manyetik spektrumdaki görünür bölge olarak adlandırılan 400 – 700 nm dalga boyu aralığındaki ışınları görebilmektedir. Genellikle çok bantlı algılayıcılarda 400-700 nm dalga boyuna ait spektral veriler sırasıyla mavi (B), yeşil (G), kırmızı (R) olmak üzere üç bant şeklinde kaydedilir. Bu aralıkta kaydedilen üç bantlı RGB formatındaki görüntülere doğal renkli görüntüler (true color images) denir. Kızıötesi (NIR) spektral bölge olarak adlandırılan 700 – 900 nm dalga boyu aralığındaki NIR bandı RGB bant kombinasyonunda R-G-B yerine NIR-G-B olarak oluşturulan görüntülere yapay renkli görüntü (false color image) denir. Şekil 2.3'te Landsat 7 ETM+ uydusundan alınmış bir görüntünün doğal ve yapay renkli görünümleri verilmiştir.

---

* http://www.yasaminrenkleri.com/is-yasami-ve-renkler/markayi-ayirt-etmenin-yolu-renk.html

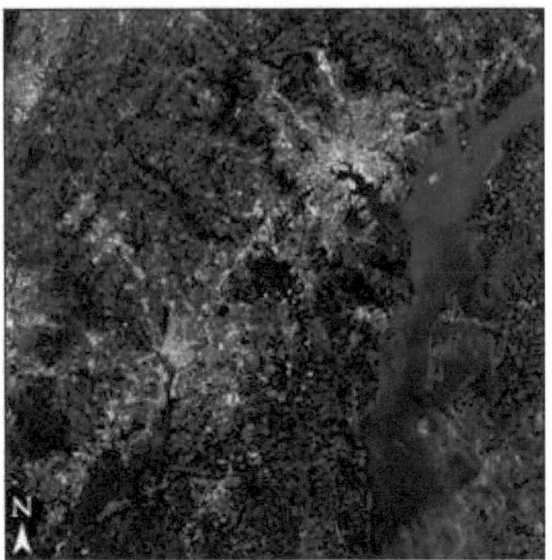


a. Doğal Renkli Görüntü

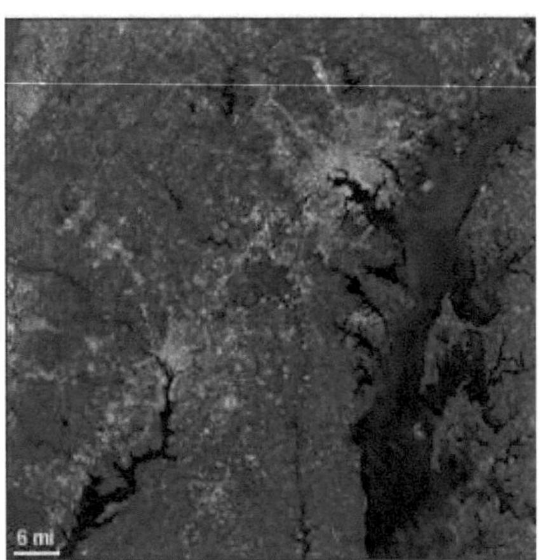


b. Yapay Renkli Görüntü

**Şekil 2.3.** Landsat 7 uydusundan alınan doğal ve yapay renkli görüntüler*

---

* http://en.wikipedia.org/wiki/False-color

## 2.1 Uzaktan Algılama Uyduları

Dünya etrafında yapay uyduların yörüngeye yerleştirilmesiyle birlikte bilimsel araştırma alanında yeni bir çağ başlamıştır. SPUTNIK adını taşıyan ilk yapay yer uydusu, SSCB tarafından 4 Ekim 1957 tarihinde uzaya fırlatılmıştır. Uydu görüntülerinin başlıca özelliği, hava fotoğraflarına oranla çok geniş yeryüzü alanlarını kaplaması ve topografyaya ilişkin büyük çapta konumsal veri içermesidir(Önder, 1998).

Son yıllarda uydu sistemlerinde meydana gelen teknolojik gelişmeler sayesinde uydulardan yüksek çözünürlükte, kaliteli görüntülerin elde edilmesi mümkündür. Başlangıçta yalnızca gelişmiş ülkeler tarafından yörüngeye gönderilen uydu görüntüleme sistemleri son yıllarda birçok ülke ve şirket tarafından kullanıma sunulmaya başlanmıştır.

Algılayıcılarda, çözünürlük (mekânsal, spektral, radyometrik, zamansal), stereo özellik ve her bir geçişte taranan alanın genişliği en önemli özelliklerdir. Uyduların sahip olduğu algılayıcılara göre pankromatik, multispektral, süperspektral, hiperspektral gibi farklı görüntü türleri elde edilir. Ticari amaçlı uyduların geliştirilmesiyle birlikte firmalar farklı özelliklere sahip görüntü türlerini kullanıcılara sunmaktadır. Özellikle yüksek mekânsal çözünürlüğe sahip görüntülerin elde edilmesi ile bu görüntüler birçok alanda kullanılmaya başlanmıştır. Kullanıcılar kullanım amaçlarına göre çözünürlüğü 1m'nin altında başlayıp kilometrelere varan görüntüleri bu firmalardan temin edebilmektedir. Aşağıda en çok bilinen yeryüzü gözlem uydularının ve sundukları görüntülerin özellikleri verilmiştir.

### 2.1.1 GeoEye-1

6 Eylül 2008 tarihinde Kaliforniya'daki Vandenberg Hava üssünden fırlatıldı. GeoEye-1 uydusu ileri teknoloji ile üretilmiş yüksek çözünürlüklü görüntüleri sunan ticari uzaktan algılama uydusudur. 41 cm çözünürlüklü Pan ve 1.65 metre MS çözünürlükte görüntüler çekmektedir. Günlük 350 000 $km^2$'lik alandan zenginleştirilmiş görüntü alabilmektedir. 26,000 km/saat hızla ilerleyerek dünyayı 98 dakikada bir, güneş eşzamanlı bir yörüngede dönmekte ve dünyanın çevresini günde 14 defa dolaşmaktadır.

**Çizelge 2.1.** GeoEye-1 Uydu Sistemi Özellikleri*

| **Başlangıç Tarihi** | 6 Eylül 2008 |
|---|---|
| **Hız** | 7.2 km/saniye |
| **Görüntüye ilişkin spektral aralık** | 450-900 nm (Pan)<br>450–520 nm (mavi)<br>520–600 nm (yeşil)<br>630–690 nm (kırmızı)<br>760–900 nm (kızıl ötesi) |
| **Radyometrik çözünürlük** | 11 bit |
| **En düşük çözünürlük** | 0.61 m Pan<br>2.41 m MS |
| **Ağırlık** | 1955 kg |

### 2.1.2 WorldView-2

DigitalGlobe firmasınca 8 Ekim 2009 tarihinde 770 km yüksekliğe uzayda konumlandırılmıştır. WorldView-2, 8 spektral banda sahip görüntüler sunan ticari amaçlı bir uydudur. Uydu aynı yeri 1.1 gün sonra yeniden ziyaret etmektedir. Sunduğu yüksek detaylı görüntüler sayesinde harita üretimi, değişim tespiti ve ayrıntılı görüntü analiz işlemlerinde kullanılmaktadır. Yüksek mekânsal çözünürlük özelliği yanında süratli çekim ve stereo çekim özellikleri de mevcuttur.

**Çizelge 2.2.** WorldView-2 Uydu Sistemi Özellikleri**

| **Başlangıç Tarihi** | 18 Eylül 2007 |
|---|---|
| **Periyod** | 100 dakika |
| **Görüntüye ilişkin spektral aralık** | 450 - 800nm (Pan)<br>400–450nm (coastal)<br>450–510nm (mavi)<br>510–580nm (yeşil)<br>485–625nm (sarı)<br>630–690nm (kırmızı)<br>705–745nm (red edge)<br>770–895nm (Near-IR1)<br>860–1040nm (Near-IR2) |
| **Radyometrik çözünürlük** | 11 bit |
| **En düşük çözünürlük** | 0.46 m Pan<br>1.84 m MS |

** http://www.satimagingcorp.com/satellite-sensörs/worldview-2.html

### 2.1.3 QuickBird-2

Quickbird-2 uydusu, 18 Ekim 2001 tarihinde Vandenberg Hava Kuvvetleri Üssü, Kaliforniya'dan fırlatıldı. Digital Globe firmasının sahibi olduğu ve yönettiği yüksek çözünürlüklü uydudur. 60 cm Pan ve 240 cm MS mekansal çözünürlükte ve 4 farklı dalga boyunda görüntü sağlayabilmektedir. Görüntüler 11 bitlik radyometrik çözünürlüğe (0-2047 farklı gri parlaklık seviyesi) sahiptir. Tezde kullanılan materyaller QuickBird-2 uydusundan temin edilmiştir.

**Çizelge 2.3.** QuickBird-2 Uydu Sistemi Özellikleri*

| **Başlangıç Tarihi** | 18 Ekim 2001 |
|---|---|
| **Görüntüye ilişkin spektral aralık** | 450 - 900nm (Pan)<br>450–520nm (mavi)<br>520–600nm (yeşil)<br>630–690nm (kırmızı)<br>760–890nm (kızıl ötesi) |
| **Radyometrik Çözünürlük** | 11 bit |
| **En düşük çözünürlük** | 0.60m Pan<br>2.40m MS |
| **Ağırlık** | 950 kg |

### 2.1.4 IKONOS

24 Eylül 1999'da Kaliforniya'daki Vandenberg Hava Üssünden fırlatıldı. IKONOS uydusu dünyanın yüksek çözünürlükte görüntü alabilen ilk ticari amaçlı uydusudur. Kırmızı, Yeşil, Mavi ve Kızıl ötesi olmak üzere 4 m çözünürlükte çok bantlı ve 1 m. çözünürlükte Pan görüntü alır. Günlük 300 milyon $km^2$'den fazla alanı tarayabilmektedir. Bu uydudan alınan görüntüler kentsel ve kırsal alanda yapılabilen mühendislik, inşaat, tarımsal ve ormanlık alanların analizi, doğal kaynakların ve afetlerin izlenmesi, madencilik gibi birçok uygulamada kullanılır. IKONOS'tan alınan yüksek çözünürlüklü veriler ülke güvenliğinin sağlanmasında kıyıların izlenmesinde ve 3B arazi analizinde büyük kolaylıklar sağlar.

* http://www.satimagingcorp.com/satellite-sensörs/quickbird.html

**Çizelge 2.4.** IKONOS Uydu Sistemi Özellikleri*

| **Başlangıç Tarihi** | 24 Eylül 1999 |
|---|---|
| **Hız** | 7.5 km/saniye |
| **Görüntüye ilişkin spektral aralık** | 450 - 900nm (Pan)<br>445–516nm (mavi)<br>506–595nm (yeşil)<br>632–698nm (kırmızı)<br>757–853nm (yakın kızıl ötesi) |
| **Dinamik kapsam** | 11 bit/piksel |
| **Uzamsal Çözünürlük** | 0.82 m Pan<br>3.2 m MS |
| **Ağırlık** | 726 kg |

### 2.1.5 SPOT 5

Fransız Spotimage firmasınca spot serisi uyduların devamı olarak 3 Mayıs 2002 de yörüngesine yerleştirilmiş olup 2.5m ve 5m çözünürlükte Pan görüntü, 10m ve 20m çözünürlükte MS görüntü alabilmektedir. Uydu dört banttan veri alıp 60x60 $km^2$'lik alan tarayabilmekte ve stereo çekim yapabilmektedir.

**Çizelge 2.5.** SPOT-5 Uydu sistemi özellikleri**

| **Başlangıç Tarihi** | 4 Mayıs 2002 |
|---|---|
| **Hız** | 7.4 km/saniye |
| **Görüntüye ilişkin spektral aralık** | 480- 710nm (Pan)<br>500–590nm (yeşil)<br>610–680nm (kırmızı)<br>780–890nm (Near-IR)<br>1580–1750nm (Shortwave IR) |
| **Radyometrik çözünürlük** | 8 bit |
| **En düşük çözünürlük** | 5 m Pan<br>10 m MS |
| **Ağırlık** | 3000 kg |

## 2.2Uzaktan Algılama Görüntüleri

Uydulardan elde edilen verilerin çoğu görüntü formatında kaydedildiğinden görüntü işleme ve sinyal işleme uzaktan algılama konusunda sıkça kullanılan yöntemlerdir (Chen, 2008). Ham uydu görüntüleri üzerinden yerde ölçülen objeler hakkında sağlıklı bilgi sahibi olmak oldukça güçtür. Bu nedenle, uzaktan algılama verilerine çeşitli sayısal görüntü işleme teknikleri uygulanmaktadır (Altuntaş, 2002).

---

* http://www.satimagingcorp.com/satellite-sensörs/ikonos.html
** http://www.satimagingcorp.com/satellite-sensörs/spot-5.html

Sayısal görüntüler birbirinden bağımsız iki boyutlu sayılar dizisidir. Görüntüyü satır ve sütunlardan oluşan bir ızgara gibi düşünürsek (Şekil 2.4), bu ızgarada her bir göze nümerik bir değer (Digital Number-DN) karşılık gelir. Bu nümerik değer resmin en küçük bileşenidir ve piksel adını alır. Sınırlı depolama kapasitesinden dolayı görüntüdeki piksellerin ifade edildiği DN belirli bir değer aralığında kaydedilir.

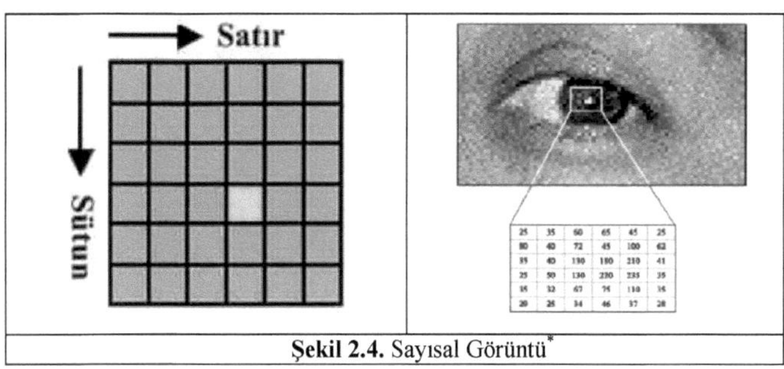


**Şekil 2.4.** Sayısal Görüntü[*]

Uydu algılayıcıları farklı dalga boyu aralığında görüntüler almaktadır. Alınan bu görüntüler tek bantlı olarak kullanıldığı gibi birden fazla bant bir araya getirilip çok katmanlı görüntüler de oluşturulabilmektedir. RGB formatındaki doğal renkli bir görüntü kırmızı, yeşil ve mavi olmak üzere üç banttan oluşmaktadır. Bilgisayar ekranı üç bantlı görüntüleri gösterirken her bir banttan aldığı nümerik değeri bir görüntü bileşenine atayarak insan gözünün algıladığı doğal renkli görüntüyü elde etmektedir.

Yeni nesil uydu algılayıcıları yüksek çözünürlüklü ve çok bantlı uydu görüntüleri sağlamaktadır. Uzaktan algılama sistemlerinin kimisi tek bantlı görüntüler sunarken kimisi yüzlerce banttan oluşan hiperspektral görüntüler sunmaktadır. Uydu sistemleri bant sayılarına göre pankromatik, multispektral, süperspektral ve hiperspekral olmak üzere dört farklı türde görüntü sunmaktadır.

### 2.2.1 Pankromatik Görüntüler

Pankromatik uydu görüntüleri, genellikle 400-900 nm dalga boylarındaki spektral bilgileri içeren tek bantlı görüntülerdir. Kimi yer gözlem uyduları çok bantlı görüntülerin yanında tek bantlı görüntüler sunarken, kimileri sadece tek bantlı

---

[*] http://www.crisp.nus.edu.sg/~research/tutorial/intro.htm

görüntüler sağlamaktadır. Teknik özelliklerden dolayı pankromatik görüntüler MS görüntülere göre birkaç kat daha yüksek mekânsal çözünürlüğe sahiptirler.

**Şekil 2.5.** WorldView-1 uydusundan alınmış Pan görüntü örneği

### 2.2.2 Multispektral Görüntüler

MS görüntüler, spektral bandın farklı aralıklarında algılayıcılar vasıtasıyla alınmış bantların bir araya getirilmesi ile oluşturulan görüntülerdir. Örneğin Landsat Thematic Mapper (TM) sensörü 7 bant içermektedir. Hedefin özelliğine göre bu bantların tamamı veya bir kısmı seçilerek algılama yapılabilir.

Çok bantlı görüntüler, yakın (NIR), kısa (SWIR), orta (MWIR) ve uzun (LWIR) kızıl ötesi dalga uzunluklarında insan gözünün göremediği özellikleri içerirler ve onların ayırt edilmesine olanak sağlarlar. Karışık toprak çeşitleri, bitkiler ve su gibi nesneler özelliklerine göre spektrumun belli bölgelerinde yutulma ve yansıma yaptıklarından, kızıl ötesi bantlarda kolayca tespit edilebilirler. Araç, uçak, ısınan baraka ve endüstriyel tesisler gibi ısı yayan hedefler termal (ısıl) bantta yapılacak bir algılama ile tespit edilebilir (İşlem Şirketler Grubu, 2002).

### 2.2.3 Süperspektral Görüntüler

Elektro manyetik spektrumun daha dar aralıklarından alınan ve MS görüntülere nazaran daha fazla bant içeren görüntülere süperspektral adı verilmektedir. Algılanan dalga boyu aralıkları azaldıkça görüntünün bant sayısı artmaktadır. Örneğin NASA'nın TERRA uydusunda bulunan MODIS algılayıcısının sağladığı veriler 36 spektral banda sahiptir. Algılayıcılar elektro manyetik spektrumun görünür, kızıl ötesi ve ısıl bölgelerinde dar bant genişliğine sahip veri elde edebilmektedir.

### 2.2.4 Hiperspektral Görüntüler

Hiperspektral görüntüler, yüzlerce spektral bantta algılama yapan algılayıcılar yardımıyla elde edilir. Bu görüntüler birçok askeri ve bilimsel çalışmalar için kullanılmaktadır. Hiperspektral görüntülerin sağladığı yüksek çözünürlükteki spektral bilgi, materyalin fiziksel ve kimyasal özelliğine bağlı olarak değişmekte ve böylece diğer nesnelerden kolayca ayırt edilmesini sağlamaktadır. Hiperspektral görüntü alan algılayıcılara NASA'ya ait EO-1 uydusunda bulunan Hyperion algılayıcısını örnek verebiliriz. EO-1 Hyperion algılayıcısı 224 bantlı görüntüler sunabilmektedir.

Hiperspektral uydu görüntüleri genellikle yüzlerce sürekli banttan yani görüntüden oluşur. Dolayısıyla, görüntünün her pikselinde yüzlerce spektral bilgi sağlamaktadır. Görüntüdeki pikselin spektral grafiğine (Şekil 2.6) bakarak görüntünün alındığı nesne hakkında önemli spektral veriler elde edilir.

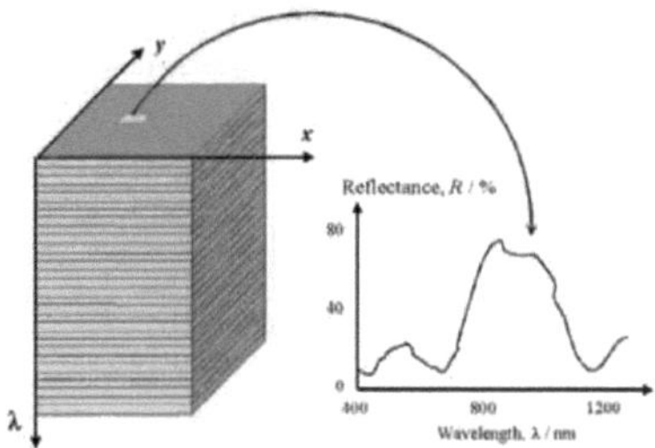


**Şekil 2.6.** Hiperspektral görüntülerde alınan örnek bir pikselin spektral grafiği*

---

* http://www.crisp.nus.edu.sg/~research/tutorial/image.htm

Uzaktan algılamada önemli spektral bilgiler sağlayan hiperspektral görüntüler ile arazideki bitki örtüsü ve kayaçların mineral yapısı kolayca tespit edilebilmektedir. Bunlara ilişkin örnek görüntüler ve spektral yansıma grafiği aşağıda verilmiştir(İşlem Şirketler Grubu, 2002).

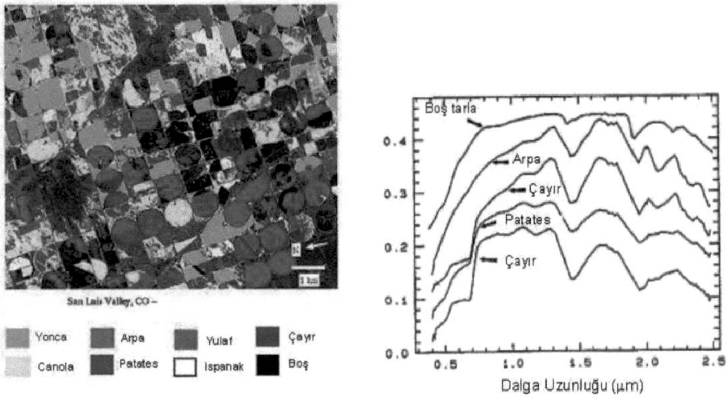


**Şekil 2.7.** Hiperspektral görüntüden bitki türlerinin tespit edilmesi**

## 2.3 Uydu Görüntülerinde Çözünürlük

Çözünürlük, sayısal uydu görüntülerinde görüntüsü alınan bölgenin detay bilgisini tanımlar. Görüntülere ait çözünürlük farklı biçimlerde ifade edilir. Uzaktan algılamada uydu görüntüleri için mekânsal, spektral, radyometrik ve zamansal olmak üzere 4 farklı çözünürlük tipi vardır.

** İşlem şirketler grubu, 2002

### 2.3.1 Mekânsal Çözünürlük

Mekansal çözünürlük, bir görüntüde cisimlerin geometrik özelliklerini birbirinden ayırt edebilme ölçüsüdür (Mather,2004). Görüntülerde mekânsal çözünürlük arttıkça ayırt edilebilen nesnelerin sayısı azalmaktadır.

Ticari uydular görüntülerin kullanım alanlarına göre 1m altında mekânsal çözünürlükten başlayıp kilometrelere varan görüntüler sunmaktadır. Şekil 2.8'de SPOT uydusundan alınmış görüntülerin farklı mekansal çözünürlükleri verilmiştir. Sırasıyla 20 m, 10 m, ve 5 m çözünürlüklü görüntülere baktığımızda mekansal detayların tespit edilmesinde bariz farklılıklar olduğu görülür. En düşük çözünürlüklü görüntüde bölgenin genel bir görünümü varken çözünürlük artıkça binalar ve yollar ayırt edilebilmektedir.

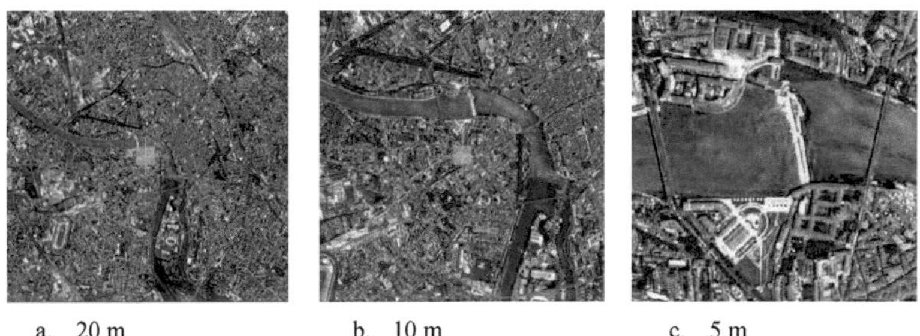

a. 20 m b. 10 m c. 5 m

**Şekil 2.8.** SPOT uydusundan alınmış farklı mekansal çözünürlükteki görüntüler*

Mekansal çözünürlüğün tespit edilmesinde yer çözümleme ölçeği (Ground Sample Distance- GSD) ve anlık görüş alanı (Instantaneous Field of View-IFOV) kullanılan iki kriterdir.

GSD ile mekânsal çözünürlük görüntülenen alan ve piksel sayısı arasında ilişki kurularak belirlenir. GSD'ye göre 20 m mekânsal çözünürlüğe sahip bir görüntüde bir piksel 20x20 $m^2$'lik bir alana karşılık gelir.

IFOV, algılayıcının gördüğü dairesel alanın çapıdır. IFOV ile çözünürlüğün belirlenmesinde algılayıcının bölgeye uzaklığı ve optik sistemin görüş alanını belirleyen

---

* http://www.spotimage.com/web/en/233-resolution-and-spectral-bands.php

açı önemlidir. IFOV; algılayıcının gördüğü koninin açısını (A), yeryüzünde gördüğü sahayı (B) içerir. Görünen sahanın ebadı, anlık görüş sahası değeri ile algılayıcının hedeften olan yüksekliğinin (C) çarpımından elde edilir. Çözümleme hücresi (resolution cell) olarak adlandırılan bu saha, algılayıcının azami mekansal çözümlemesini ifade etmektedir.

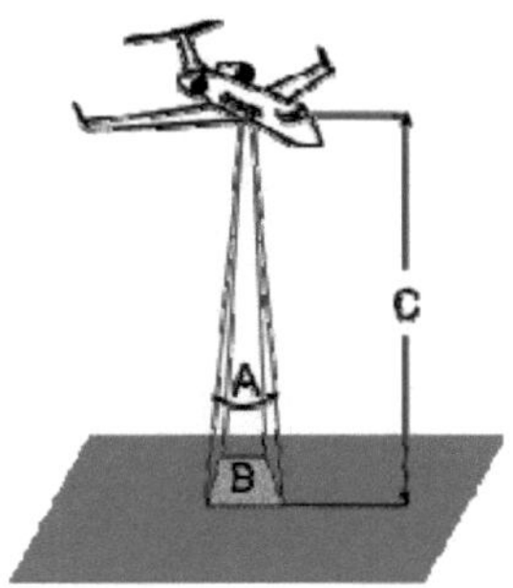


**Şekil 2.9.** IFOV ile mekansal çözünürlüğün bulunması*

### 2.3.2 Spektral Çözünürlük

Spektral çözünürlük, algılayıcının duyarlı olduğu dalga boyu aralığına bağlıdır. Spektral banttan algılanan aralık daraldıkça spektral ayırma gücü artar. Uydudaki spektral çözümleme elektro manyetik spektrumda dalga uzunlukları arasında yapacağı kayda işaret etmektedir.

Tezde kullanılacak olan Quickbird uydusu elektro manyetik spektrumun 4 farklı aralığında algılama yapmaktadır. Quickbird uydusu 450-900 nm dalga uzunlukları aralığında Pan bandı kaydederken, 450-520 nm aralığında mavi, 520-600 nm aralığında yeşil, 630-690 nm aralığında kırmızı, 760-890 nm aralığında kızılötesi bandı algılamaktadır.

Görüntünün kullanılacağı uygulama alanına göre spektral aralık belirlenir ve o aralıktan alınan görüntüler kullanılır. Su ve bitki gibi geniş sınıflar, görünen ve kızıl ötesi bant aralıkları kullanılarak belirlenmektedir. Farklı ağaç türleri veya kaya tipleri

---

* http://www.uprm.edu/biology/profs/chinea/gis/g06/NRC2_3_2_6.pdf

gibi özel sınıfları ayırt etmek için daha dar dalga boyu aralıklarına ihtiyaç duyulur. Araştırma amaçlı kullanılan hiperspektral görüntüler bu tip materyallerin tanınması ve analiz edilmesinde kullanılmaktadır.

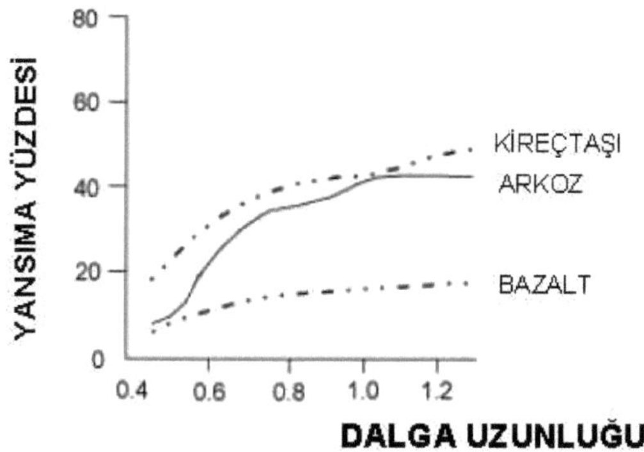


**Şekil 2.10.** Farklı kaya tiplerine ilişkin spektral çözümleme*

### 2.3.3 Radyometrik Çözünürlük

Radyometrik çözünürlük, elektro manyetik enerji miktarında sahip olunan hassasiyete denir. Algılayıcının radyometrik çözünürlüğü enerji farklılıklarını ayırt etme yeteneğine bağlıdır. Sayısal görüntülerde enerji farklılığı gri ton sayısına denk gelir.

Radyometrik çözünürlük bilgisayar ortamında sayısal numaralarla (DN) ifade edilir. Bu numaralar ikili sayı sisteminde ve ikinin üsleri şeklinde düzenlenmiştir. Radyometrik çözünürlüğü 8 bit olan bir görüntüde $2^8 = 256$ farklı parlaklık düzeyi tanımlanır.

---

* İşlem şirketler grubu, 2002

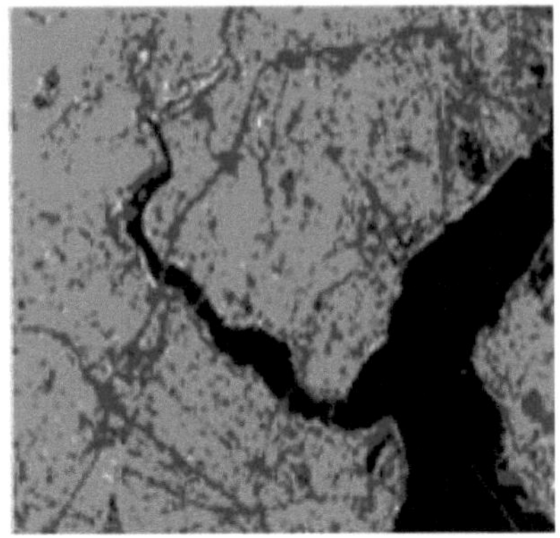

a) 2 bitlik görüntü b) 8 bitlik görüntü

**Şekil 2.11.** 2 bit ve 8 bitlik radyometrik çözünürlüğe sahip görüntüler*

### 2.3.4 Zamansal çözünürlük

Zamansal çözünürlük, algılayıcının belirli bir bölgeden bir kez görüntü aldıktan sonra ikinci görüntüyü alana dek geçen süreye denir. Sensörler belirli bir zaman periyodu içerisinde aynı bölgeden tekrar geçecek şekilde bir yörünge izlemektedir. Bu zaman periyodu her uydu için farklıdır, sensörün kapasitesine, tarama genişliğine ve uydunun yerden yüksekliğine bağlı olarak değişmektedir. Landsat uydusu için 16 gün olan periyot, Spot uydusu için 26 gün, NOAA AVHRR meteoroloji uydusu için ise 12 saattir.

Aynı bölgeden belirli zaman aralıklarında alınan görüntüler arasında spektral farklılıklar olur. Görüntüler arasındaki bu spektral farklılıklar bölgede meydana gelen değişiklikler hakkında önemli bilgiler verir. İlkbahar ve sonbahardaki ağaçların durumu, sel, heyelan, yangın vb. doğal afetlerden kaynaklanan yerleşim yerlerindeki değişimler farklı zamanlar arasında alınan görüntülerin karşılaştırılmasıyla tespit edilebilmektedir.

---

*jeodezi.karaelmas.edu.tr/linkler/akademik/marangoz/marangoz_files/DersNotlari/UZALG/UZAL_04.pdf

a. Fujitsuka, 2008

b. Fujitsuka,2011

**Şekil-2.12.** Japonyada yaşaşanan deprem ve tsunami felaketlerinde bölgedeki tahribatın büyüklüğünü gösteren felaket öncesi (a) ve sonrası (b) görüntüler (Google, Digitalglobe)

## 2.4 Sayısal Görüntü İşleme

Uydu görüntüleri sayısal formatta kaydedildikten sonra bu verilerden doğru ve anlamlı çıkarımlar yapabilmek için çeşitli görüntü işleme tekniklerine ihtiyaç duyulur.

Görüntü alındığı anda algılayıcı ve hedef bölge arasındaki parazitler, algılayıcının özellikleri, yeryüzünün hareketi ve buna benzer birçok faktörün varlığı görüntüleri olduğundan farklı göstermektedir. Algılayıcının elde ettiği ham görüntünün hedef bölgeye ait verileri vermesi için görüntü işlemeye başlamadan önce bir takım ön işlemlerin yapılması gerekir. Görüntü üzerinde ön işlemler gerçekleştirildikten sonra alınan ayrıntıların daha iyi elde edilmesi ve kullanım amacına göre istenen verilerin bulunması için görüntü işlemlerine tabi tutulur.

Uzaktan algılamada görüntü işleme adımlarını, "önişlemler", "görüntü iyileştirme", "görüntü zenginleştirme" ve "görüntü sınıflandırma" olarak ele alabiliriz.

### 2.4.1 Önişlemler

Önişlemler (Preprocessing) görüntülenen bölgeye ait esas verilerin tam olarak ortaya çıkması için yapılan işlemlerdir. Önişlemleri geometrik ve radyometrik düzeltmeler diye ikiye ayırabiliriz. Radyometrik bozukluklar algılayıcılara gelen verilerin düzensiz ve yanlış algılanmasına neden olan parazitlerin giderilmesi ve algılanan radyasyondan dolayı nesneleri tam olarak temsil etmeyen yansımaların düzeltilmesidir. Geometrik bozukluklar, algılayıcı ve yer arasındaki değişimlerden dolayı meydana gelen bozulmalardır. Geometrik bozulmalara algılayıcı optiklerinin perspektifi, tarama sisteminin hareketi, platformun yüksekliği, hızı, dünyanın kavsi ve dönüşü sebep olmaktadır (İşlem Şirketler Grubu,2002).

Radyometrik ve geometrik düzeltmelerle bu bozukluklar ortadan kaldırılır ve görüntülenen bölgeyi doğru bir şekilde temsil eden veriler elde edilir.

**Geometrik Düzeltme**

Geometrik düzeltme işlemi ile görüntü, bulunduğu koordinat düzleminden (resim koordinatları) başka bir koordinat düzlemine taşınır. Geometrik düzeltme için görüntü üzerine rastgele dağıtılmış kontrol noktaları belirlenir (A1,A2,A3,A4). Daha sonra bir harita üzerinde bu noktaların karşılıkları (B1, B2, B3, B4) belirlenerek harita üzerine taşınır. Yapılan bu işleme görüntüden haritaya geçiş (image-to-map registration) denir.

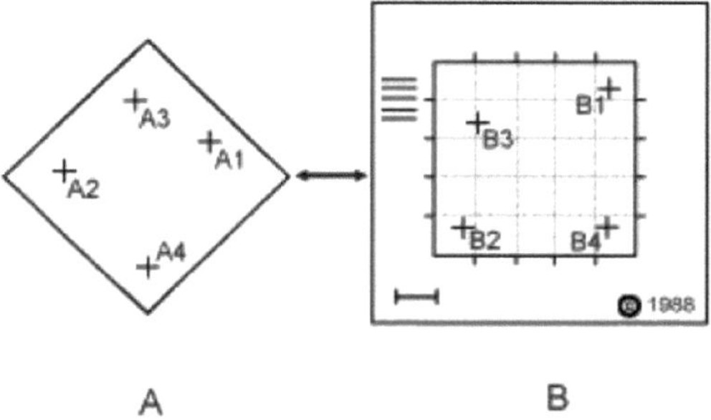


**Şekil 2.13.** Geometrik kayıt işlemi*

Geometrik düzeltme işleminde görüntü harita yerine başka bir görüntüye de taşınabilir. Bu işlemede görüntüden görüntüye geçiş (image to image registration) denir. Yer koordinat sistemini içermeyen bu görüntüler örnekleme (resampling) olarak adlandırılan işlem ile düzeltilmektedir. Örnekleme orijinal görüntüdeki piksel değerlerinden yeni piksel değerleri hesaplar. Örnekleme yaparken yeni piksel değerlerini hesaplamak için birçok yöntem geliştirilmiştir. Bu yöntemler arasında en yakın komşuluk (nearest neighbour), bilineer enterpolasyon (bilineer interpolation) ve kübik eğri (cubic convolution) en çok kullanılanlardır.

**a) En yakın komşuluk yöntemi**

Bu yöntemde yeni piksel değeri orijinal piksel değerinin en yakınındaki piksel değerlerinden faydalanılarak belirlenir. Yeni görüntü elde edilirken orijinal görüntüdeki piksel değerleri korunur. Fakat bazı pikseller kaybolurken bazı piksellerin çifti oluşabilir.

**Şekil 2.14.** En yakın komşuluk yöntemi*

* http://pages.csam.montclair.edu/~chopping/rs/CCRS/chapter4/chapter4_4_e.html

**b) Bilineer enterpolasyon yöntemi**

Bu yöntemde yeni piksel değeri orijinal görüntüden alınan piksele en yakın dört pikselin ortalaması alınarak bulunur. Yeni görüntüde orijinal piksel değerleri değişir ve görüntü harici yeni pikseller oluşur.

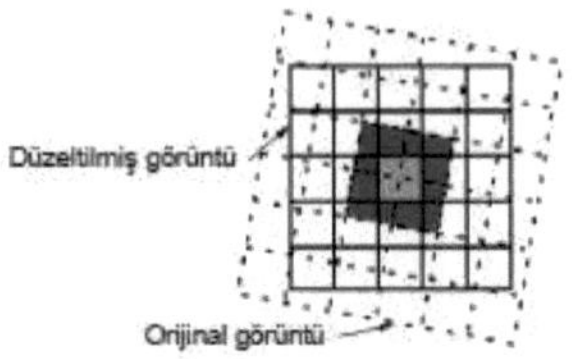


**Şekil 2.15.** Bilineer Enterpolasyon*

**c) Kübik eğri yöntemi**

Orijinal görüntüde, yeni piksel konumunu çevreleyen sekiz pikselli bloğun ortalaması alınarak yeni piksel değeri bulunur. Bilineer enterpolasyon yönteminde olduğu gibi bu yöntemde de orijinal piksellerin değerleri değişir.

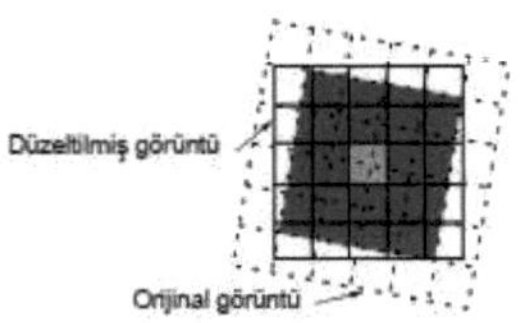


**Şekil 2.16.** Kübik Eğri Örneklemesi*

**Radyometrik Düzeltme**

Uydu görüntülerinde görüntü alanındaki aydınlatma farklılığı, görünüş geometrisi, atmosferik şartlar ve algılayıcının yarattığı parazitten kaynaklanan bozukluklar radyometrik düzeltme ile giderilir.

---

* http://pages.csam.montclair.edu/~chopping/rs/CCRS/chapter4/chapter4_4_e.html

Görüntülerde radyometrik düzeltme için birçok yöntem geliştirilmiştir. Filtreleme, radyometrik düzeltmede en çok kullanılan yöntemlerden biridir. Bu yöntemde 3x3 veya 5x5 piksel boyutlu hareketli ortalama filtreler kullanılmaktadır. Şekil 2.17'de seçilen piksel bloğunda değerler birbirine yakınken 0 ve 90 değerleri bu düzeni bozmaktadır. 0 değerini düzeltmek için 3x3'lük filtre şekildeki gibi görüntü üzerine yerleştirilir ve filtre içindeki 9 pikselin ortalaması alınır. Bulunan ortalama değer ve merkez piksel arasındaki fark alınır. Bulunan sonuç belirlenen eşik değerden fazla ise aynı işlemler tekrarlanır. Filtre kaydırılarak bütün piksellere uygulanır (Altuntaş, 2002).

| 40 | 60 | 50 | 40 | 50 |
|---|---|---|---|---|
| 40 | 0 | 40 | 90 | 60 |
| 40 | 60 | 60 | 40 | 50 |

a) Orijinal veriler ile 3x3 boyutlu filtre

| 40 | 60 | 50 | 40 | 50 |
|---|---|---|---|---|
| 40 | 43 | 40 | 53 | 60 |
| 40 | 60 | 60 | 40 | 50 |

b) Hatalı piksellerin ortalama alınarak düzeltilmiş değerleri

**Şekil 2.17.** Radyometrik düzeltmede filtreleme (Altuntaş, 2002)

a) Orijinal görüntü

b) Düzeltilmiş görüntü

**Şekil 2.18.** Radyometrik Düzeltme örneği*

## 2.4.2 Görüntü İyileştirme

Görüntü iyileştirme (Image Enhancement), uydu görüntülerinin insanlar ve sayısal görüntü işleme programları tarafından daha iyi analiz edilmesi için yapılan işlemler

* http://gcl.csrsr.ncu.edu.tw/courses/CI7059/lectures/RadiometricCorrection.pdf

bütünüdür. Yapılan iyileştirme işlemi insanlar tarafından değerlendirildiği için sonuçta yapılan yorumlar sübjektif olmaktadır (Jensen,1996).

Görüntünün insanlar ve programlar tarafından daha iyi analiz edilebilmesi için parlaklık ve kontrast değerlerinin iyi ayarlanması gerekir. Görüntülerde parlaklık değerleri histogram grafiğine bakılarak yorumlanır. Histogram görüntüdeki parlaklık değerlerini gösteren grafiktir. Parlaklık değerleri grafiğin X ekseninde ve bu parlaklıklara ait frekanslar da grafiğin Y ekseninde yer alır. Grafik üzerindeki bu değerlere bakarak görüntü üzerinde çeşitli iyileştirmeler yapılabilir.

Görüntülerin kontrastını ve detaylarını geliştirmek için birçok teknik vardır. Bu yöntemler arasında en basit iyileştirme metodu lineer kontrast gerilimidir (linear contrast strecth). Bu yöntemde görüntünün minimum ve maksimum değerleri bulunur. Bu değerler kullanılarak parlaklık değerleri 0-255 arasına esnetilir. Bu işlem Denklem 2,1'de görüldüğü gibi her bir parlaklık değeri minimum değerden çıkarılıp en küçük ve en büyük parlaklık değeri arasındaki farka bölünüp 255 ile çarpılır.

$$DN' = \left[\frac{DN - DN_{min}}{DN_{max} - DN_{min}}\right] * 255 \qquad (2.1)$$

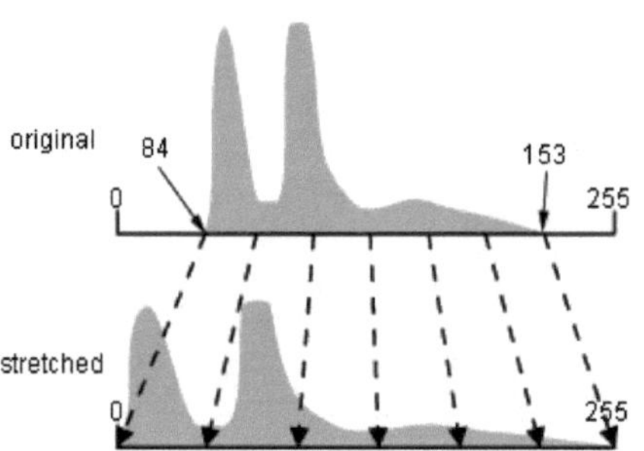


**Şekil 2.19.** Lineer kontrast gerilimidir*

* http://hosting.soonet.ca/eliris/remotesensing/bl130lec10.html

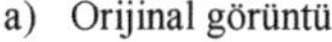

a) Orijinal görüntü

b) Lineer kontrast gerilimi uygulanmış görüntü

**Şekil 2.20.** Lineer kontrast gerilim uygulaması

### 2.4.3 Görüntü Sınıflandırma

Görüntü sınıflandırma, bir veri grubu içinden belirli bir sınıf oluşturan nesnelerin benzerliğinden yola çıkarak ve özelliklerine göre seçilerek gruplandırılmasıdır. Görüntüdeki toprak, su, yerleşim alanları, ormanlık alanlar gibi bilgiler görüntü sınıflandırma teknikleri kullanılarak gruplandırılır. Ayrıca bu teknikler kullanılarak ormanlık alanlardaki bitki türleri veya kaya türleri gibi daha özel yapılar sınıflandırılabilir.

Sınıflandırma işlemi iki aşamadan oluşur; ilk aşama görüntüdeki nesnelerin kategorize edilmesidir. Yeryüzünde bu kategoriler ormanlık alanlar, su, mera ve diğer yeryüzü tiplerinden biri olabilir. İkinci aşama belirlenen kategorilerin etiketlenmesi işlemidir. Görüntüde etiketleme işlemi nümerik değerlerle yapılır (Mather,2004). Örneğin ormanlık alanlara '1', suyla kaplı alanlara '2' gibi sayısal değerler atanarak etiketlenir.

Görüntü sınıflandırmada en çok kullanılan iki yöntem; denetimli sınıflandırma (supervised classification) ve denetimsiz sınıflandırmadır (unsupervised classification). Denetimli sınıflandırma görüntüyü analiz edecek kişinin kontrolünde yapılan sınıflandırmadır. Bu yönteme göre analizi yapacak kişi kategorize edeceği kısımları temsil edecek pikselleri seçer. Program aldığı desene göre benzer özelliklerin ortaya çıkararak sınıflandırmayı yapar.

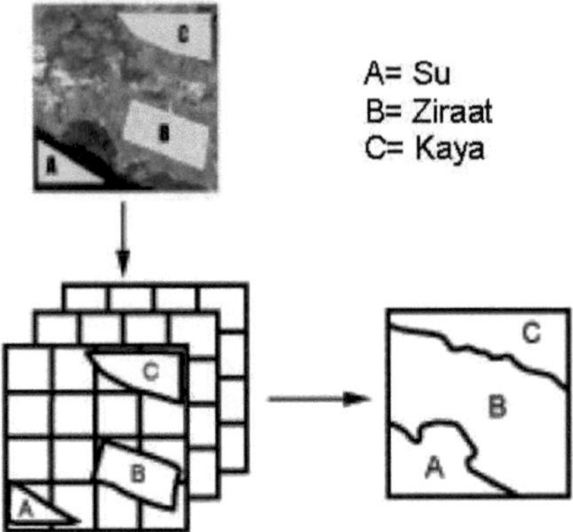


**Şekil-2.21.** Denetimli sınıflandırma*

Denetimsiz sınıflandırma, görüntüdeki arazi hakkında hiçbir bilgimizin olmadığı zamanlarda kullanılabilecek uygun bir yöntemdir. Bu sınıflandırma, veri bantlarındaki yansıma değerlerine bağlı olarak benzer piksellerin otomatik tespit edilmesiyle yapılır. Ardından bu pikseller sembollere, değerlere ve etiketlere atanır.

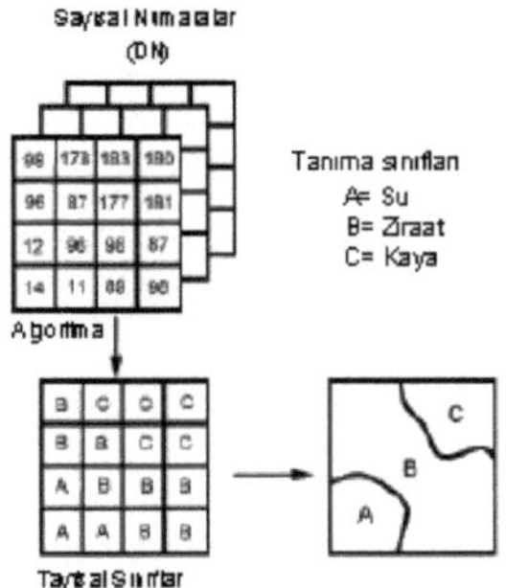


**Şekil-2.23.** Denetimsiz sınıflandırma*

---

* http://hosting.soonet.ca/eliris/remotesensing/bl130lec10.html
* http://hosting.soonet.ca/eliris/remotesensing/bl130lec10.html

# 3. Görüntü Birleştirme Yöntemleri

Görüntü birleştirme, yüksek çözünürlüklü çok bantlı görüntü elde etmek amacıyla, yüksek çözünürlüklü Pan görüntünün geometrik bilgisi ile düşük çözünürlüklü çok bantlı görüntünün renk bilgisinin birleştirilmesidir (Zhang, 2004).

Yeryüzü gözlem uydularının kimisi sadece Pan veya sadece MS görüntü alabilirken kimisi de hem Pan hem MS görüntüyü aynı anda alabilmektedir. Uydulardan alınan Pan görüntülerin mekânsal çözünürlüğü genellikle MS görüntülerden daha yüksektir. Günümüz uygulamaları uydu görüntülerinde mekânsal ve spektral çözünürlüğün yüksek olduğu görüntülere ihtiyaç duymaktadır. Görüntü birleştirme yöntemleri ile mekânsal çözünürlüğün yüksek olduğu Pan görüntü ile spektral çözünürlüğün yüksek olduğu MS görüntü birleştirilerek mekânsal ve spektral çözünürlüğün yüksek olduğu görüntüler elde edilir.

Bugüne kadar literatürde uydu görüntülerinin birleştirilmesine yönelik birçok yöntem araştırması yapılmıştır (Pohl ve Van Genderen, 1998). İyi bir birleştirme algoritması ile zenginleştirilen bir görüntü insan gözünün iyi yorumlaması dışında görüntünün sınıflandırılmasındaki doğruluk açısından da önemlidir (Munechika, 1993). Görüntü birleştirme yöntemleri arasında etkinlik ve performans bakımından IHS ( Carper vd., 1990; Sunar ve Musaoğlu, 1998), Brovey (Chavez vd., 1991) ve PCS (Chavez 1989) algoritmaları en çok kullanılan yöntemlerdir. Klasik metotlarla yapılan literatür çalışmalarından elde edilen genel kanaat, IHS yönteminin detay ve renk bilgisi bakımından optimum performans gösterdiği şeklindedir. Son yıllarda, bu klasik yöntemlerle elde edilen birleştirilmiş görüntüdeki spektral bozulmaları azaltmak amacı ile Dalgacık dönüşümüne dayalı çoklu çözünürlüklü ayrıştırma yönteminin uygulandığı çalışmalar yapılmıştır. Fakat bu çalışmalar sonucunda elde edilen birleştirilmiş görüntünün detay bilgisinde kayıplar meydana geldiği görülmüştür. Bu sebeple, bir sonraki süreçte yapılan çalışmalarda, IHS ve PCA dönüşümleri ile dalgacık dönüşümü yöntemlerinin beraber kullanılmasına yönelik daha karmaşık modellere sahip hibrid yöntemler kullanılmasına rağmen istenilen düzeyde sonuçlar alınamamıştır (Chibani ve Houacine, 2002).

## 3.1 IHS Dönüşümüne Dayalı Yöntemler

IHS dönüşümü RGB formatındaki görüntüyü yoğunluk (Intensity) ve renk (Hue, Saturation) değerlerine ayırır. Spektral çözünürlüğün yüksek olduğu görüntüden elde edilen yoğunluk bileşeni ile mekânsal çözünürlüğün yüksek olduğu Pan görüntü yer değiştirir. Daha sonra elde edilen yeni bileşenlere ters IHS uygulanarak birleştirilmiş görüntüye ait RGB değerleri elde edilir.

RGB formatındaki görüntülerden IHS bileşenlerini elde etmek için farklı dönüşüm modelleri geliştirilmiştir. Dönüşüm işleminin seçilen kartezyen düzleme göre (silindirik veya küresel) farklı matematiksel gösterimleri vardır. Görüntüden IHS bileşenleri elde edilirken lineer veya lineer olmayan dönüşüm modelleri kullanılabilir.

**Lineer RGB-IHS Dönüşüm Modeli**

$$\begin{bmatrix} I \\ v_1 \\ v_2 \end{bmatrix} = \begin{bmatrix} 1/3 & 1/3 & 1/3 \\ -\sqrt{2}/6 & -\sqrt{2}/6 & 2\sqrt{2}/6 \\ 1/\sqrt{2} & -1/\sqrt{2} & 0 \end{bmatrix} \begin{bmatrix} R \\ G \\ B \end{bmatrix} \tag{3.1a}$$

$$H = \tan^{-1}(\frac{v_1}{v_2}) \tag{3.1b}$$

$$S = \sqrt{\mathrm{v}_1{}^2 + \mathrm{v}_2{}^2} \tag{3.1c}$$

3.1a lineer dönüşümü ile görüntüye ait yoğunluk bileşenine doğrudan ulaşabilmekteyiz. 3.1b ve 3.1c denklemleriyle 3.1a'da elde ettiğimiz $v_1$ ve $v_2$ değerlerini kullanarak hue ve saturation bileşenlerini elde ediyoruz (Tu, M., 2001).

**Lineer Olmayan RGB-IHS Modeli**

$$I = \frac{R+G+B}{3} \tag{3.2a}$$

$$a = \frac{(2B-G-R)/2}{\sqrt{(B-G)^2+(B-R)(G-R)}}, \quad H = \begin{cases} \cos(a)^{-1}, & G \geq R \\ 2\pi - \cos(a)^{-1}, & G < R \end{cases} \tag{3.2b}$$

$$S = \frac{3\min(R,G,B)}{R+G+B} \qquad (3.2c)$$

Lineer IHS dönüşüm modeline alternatif bir yol lineer olmayan yöntemle görüntünün bileşenlerine ayrılmasıdır. 3.2a, 3.2b, 3.2c denklemlerinde sırasıyla I, H, S bileşenlerinin nasıl hesaplandığı görülmektedir (Tu, M., 2001).

### 3.1.1 IHS Görüntü Birleştirme Tekniği

Klasik IHS, 3.1a lineer dönüşümünden sonra bulunan I bileşeni ile görüntü zenginleştirmede kullanılacak olan Pan görüntünün yerlerini değiştirip daha sonra IHS-RGB dönüşümünü uygulayarak birleştirilmiş görüntüyü elde eder.

$$\begin{bmatrix} I \\ v_1 \\ v_2 \end{bmatrix} \Longrightarrow \begin{bmatrix} \boldsymbol{pan} \\ v_1 \\ v_2 \end{bmatrix}$$

***<u>IHS-RGB Dönüşümü</u>***

$$\begin{bmatrix} R' \\ G' \\ B' \end{bmatrix} = \begin{bmatrix} 1 & -1/\sqrt{2} & 1/\sqrt{2} \\ 1 & -1/\sqrt{2} & -1/\sqrt{2} \\ 1 & \sqrt{2} & 0 \end{bmatrix} \begin{bmatrix} \boldsymbol{pan} \\ v_1 \\ v_2 \end{bmatrix} \qquad (3.3)$$

Dönüşüm yapılırken birtakım çarpım ve toplam operatörleri kullanılarak işlem sayısını azaltıp birleştirilmiş görüntü daha hızlı ve etkin bir şekilde elde edilebilir.

$$\delta = pan - I \qquad (3.4)$$

Denklem 3.3'te Pan bandına I bileşeni eklenip çıkarılırsa eşitlik bozulmayacaktır. İşlemlerin daha anlaşılır olması için $(pan - I)$ yerine δ yazılmıştır.

$$\begin{bmatrix} R' \\ G' \\ B' \end{bmatrix} = \begin{bmatrix} 1 & -1/\sqrt{2} & 1/\sqrt{2} \\ 1 & -1/\sqrt{2} & -1/\sqrt{2} \\ 1 & \sqrt{2} & 0 \end{bmatrix} \begin{bmatrix} I + (pan - I) \\ v_1 \\ v_2 \end{bmatrix}$$

$$= \begin{bmatrix} 1 & -1/\sqrt{2} & 1/\sqrt{2} \\ 1 & -1/\sqrt{2} & -1/\sqrt{2} \\ 1 & \sqrt{2} & 0 \end{bmatrix} \begin{bmatrix} I + \delta \\ v_1 \\ v_2 \end{bmatrix}$$

$$= \begin{bmatrix} R + \delta \\ G + \delta \\ B + \delta \end{bmatrix} \quad (3.5)$$

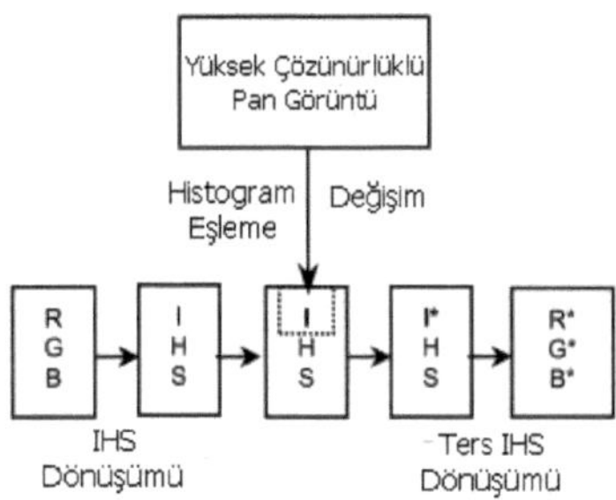


**Şekil 3.1.** IHS görüntü birleştirme şeması

Son durumda elde edilen denklem 3.5 ile orijinal görüntüye $(pan - I)$ 'yı ekleyerek mekansal çözünürlüğün yüksek olduğu çok bantlı görüntü elde edilebilir. Denklem 3.5'e göre görüntü birleştirme yapabilmek için çok bantlı görüntüye ait I bileşenini bilmemiz yeterlidir. GIHS, GIHSF, GIHSA yöntemlerinde denklem 3.5 kullanılarak görüntü birleştirme işlemi yapılmaktadır.

### 3.1.2 Genelleştirilmiş IHS (GIHS)

Denklem 3.1a sadece üç bantlı görüntülerin zenginleştirilmesinde kullanılan bir lineer dönüşümdür. MS uydu görüntüleri dört veya daha fazla bant içerir. Bu tür uydu görüntülerinde zenginleştirme yapılması için Te-Ming Tu ve arkadaşlarının 2001 yılında yayınladıkları makalede genelleştirilmiş IHS (GIHS) yöntemi önerilmiştir. Bu yönteme göre:

$$F_i = M_i + \delta \quad (3.6)$$

Denklem 3.6'da $M_i$, MS görüntüye ait i. bandı ve δ, denklem 3.4'te ifade edildiği gibi I bileşeni ile tek bantlı görüntü arasındaki farkı temsil eder. δ hesaplanırken kullanılan çok bantlı görüntüye ait I bileşeni şöyle hesaplanır:

$$I = \left(\frac{1}{n}\right)\sum_{i=1}^{n} M_i \tag{3.7}$$

Denklem 3.7'de n görüntüdeki bant sayısını ifade eder. Görüntüye ait I bileşeni hesaplanırken çok bantlı görüntünün her bir bandı için ağırlık katsayısı eşit kabul edilir. Görüntüdeki bantların toplamlarının ortalaması I bileşenini verir. RGB bantlarının yanı sıra NIR bandın olduğu dört bantlı görüntüler için I bileşeni denklem 3.8 ile bulunur.

$$I = \frac{R+G+B+NIR}{4} \tag{3.8}$$

Klasik IHS ve Genelleştirilmiş IHS ile I bileşeni hesaplanırken görüntünün her bandına eşit ağırlık katsayısı uygulanır. GIHS yönteminden sonra geliştirilen GIHSF ve GIHSA gibi yöntemler birleştirilmiş görüntülerde meydana gelen renk bozulmalarını önlemek için her bandın ağırlık katsayılarını eşit kabul etmek yerine farklı ağırlık katsayıları kullanırlar.

### 3.1.3 Genelleştirilmiş Sabit IHS (GIHSF)

GIHSF, Te-Ming Tu ve arkadaşlarının 2004 Ekim ayında yayınladıkları makalede IKONOS görüntülerindeki renk bozulmalarını azaltmak için önerilmiş bir yöntemdir. Bu yöntem kendinden önceki IHS yöntemlerinden farklı olarak I bileşeni hesaplanırken eşit katsayı kullanmak yerine yeşil ve mavi bantlar için farklı katsayılar kullanılmıştır. Dört bantlı görüntülerde GIHS yöntemine göre I bileşeni denklem 3.8 ile bantların aritmetik ortalaması alınarak elde edilmektedir. GIHSF yeşil ve mavi bantları a ve b gibi katsayılarla çarparak tek bant gibi kabul eder. I bileşeni hesaplanırken R, G, B ve NIR bantlarının toplamı dört yerine üçe bölünür.

$$I = (R + a * G + b * B + NIR)/3 \tag{3.9}$$

Denklem 3.9'da kullanılan a ve b katsayıları yapılan çalışmada her görüntü için farklı olacak şekilde modellenememiştir. Farklı alanlardan alınan 92 IKONOS görüntüsü üzerinde katsayılar için farklı değerler kullanılarak sonuçlar gözlemlenmiştir. Seçilen katsayıların görüntüyü ne kadar zenginleştirdiğini anlamak için orijinal çok bantlı görüntü ile birleştirilmiş görüntünün bantları arasındaki korelasyon katsayılarına bakılarak optimum a ve b katsayıları seçilmiştir. Yapılan deneysel çalışmalarda

IKONOS görüntüleri için kullanılabilecek optimum katsayıyı B bandı için 0.25 ve G bandı için 0.75 olarak bulunmuştur (Çizelge 3.1).

**Çizelge 3.1.** Optimum a ve b değerlerini bulmak için yapılan değişiklikler ve gözlenen korelasyon katsayıları

| a | 0.9 | 0.85 | 0.8 | .075 | 0.7 | 0.65 | 0.6 |
|---|---|---|---|---|---|---|---|
| b | 0.1 | 0.15 | 0.2 | 0.25 | 0.3 | 0.35 | 0.4 |
| cc | 0.629 | 0.768 | 0.835 | 0.837 | 0.829 | 0.815 | 0.803 |

Denklem 3.9 a ve b katsayıları yerine konarak yeniden yazılacak olursa yoğunluk bileşeni aşağıdaki denklem ile bulunur.

$$I = (R + 0.75 * G + 0.25 * B + NIR)/3$$

### 3.1.4 Genelleştirilmiş Adaptif IHS (GIHSA)

GIHSA, çok bantlı görüntüler ile tek bantlı görüntü arasındaki lineer regresyona bakarak bantların ağırlık katsayılarını belirleyen IHS dönüşümüne dayalı bir yöntemdir (Aiazzi, Baronti, vd., 2007).

Görüntü birleştirme sonrasında oluşan renk bozulmalarının en aza indirgenmesi için çok bantlı görüntünün her bandına ait optimum ağırlık katsayıları, Pan görüntü ile MS görüntünün bantları arasındaki lineer regresyon yöntemiyle belirlenir (Yao, Han, vd., 2010). GIHSA yöntemini dört bantlı görüntü için denklem 3.10'u kullanarak uygulayabiliriz.

$$I = w_1.R + w_2.G + w_3.B + w_4.NIR + b \quad (3.10)$$

Denklem 3.10'da $w_1, w_2, w_3, w_4$ ağırlık katsayıları Pan ile MS görüntü arasındaki lineer regresyona bakılarak bulunur. b sabiti ise I bileşenini dengeleyici bir parametredir. Denklem 3.11'i kullanılarak GIHSA yöntemini k bant için genelleştirebiliriz.

$$I = \sum w_i B_i + b, \qquad i = 1, \ldots, k \quad (3.11)$$

Denklem 3.11 ile şu ana kadar anlatılan bütün yöntemler ifade edilebilir. Çizelge 3.2'de yöntemlerin I bileşenini hesaplarken kullandıkları ağırlık katsayıları ve ofset değeri görülmektedir.

**Çizelge 3.2.** I bileşenini hesaplamak için yöntemlerin kullandıkları ağırlık katsayıları

| Yöntem | $w_1$ | $w_2$ | $w_3$ | $w_4$ | b |
|---|---|---|---|---|---|
| IHS | 1/3 | 1/3 | 1/3 | 0 | 0 |
| GIHS | 1/4 | 1/4 | 1/4 | 1/4 | 0 |
| GIHSF | 1/3 | 1/4 | 1/12 | 1/3 | 0 |
| GIHSA | $w_1$ | $w_2$ | $w_3$ | $w_4$ | b |

Literatürde yapılan çalışmalar ile anlatılan yöntemler arasında orijinal görüntünün spektral değerlerini en iyi koruyan yöntemin GIHSA olduğu tespit edilmiştir. GIHSA orijinal görüntülerin her bandı için görüntüye has farklı katsayılar ile değerlendirilmiştir.

## 3.2 Principal Components Analysis

Principal Components Analysis (PCA), görüntü kodlama, veri sıkıştırma, görüntü iyileştirme, görüntüde farklılık tespiti ve görüntü birleştirme alanlarında kullanılan faydalı bir yöntemdir. PCA çok değişkenli ve aralarında yüksek korelasyon bulunan veri dizisini, aralarında korelasyon olmayan yeni veri kombinasyonuna dönüştürür (Pohl, 1998). PCA dönüşümü sonrası oluşan bileşenler dik eksenlere sahip olduğundan aralarında korelasyon yoktur. Bulunan bileşenlerden ilki en fazla varyansı içerir daha sonraki bileşenlerin varyansları azalmaktadır. RGB renk koordinat sisteminden temel bileşenler aşağıdaki dönüşüm kullanılarak elde edilir.

$$\begin{bmatrix} \mathrm{PC1} \\ \mathrm{PC2} \\ \mathrm{PC3} \end{bmatrix} = \begin{bmatrix} \emptyset_{11} & \emptyset_{12} & \emptyset_{13} \\ \emptyset_{21} & \emptyset_{22} & \emptyset_{23} \\ \emptyset_{31} & \emptyset_{32} & \emptyset_{33} \end{bmatrix} \begin{bmatrix} \mathrm{R_0} \\ \mathrm{G_0} \\ \mathrm{B_0} \end{bmatrix} \tag{3.12}$$

$$H = \tan^{-1}\left(\frac{\mathrm{PC2}}{\mathrm{PC3}}\right) \quad \text{ve} \quad S = \sqrt{\mathrm{PC2}^2 + \mathrm{PC3}^2} \tag{3.13}$$

Denklem 3.12’deki $\emptyset$ dönüşüm matrisinin bileşenleri RGB vektörüne ait kovaryans matrisin özvektörlerinden oluşur. Dönüşüm yapıldıktan sonra görüntüye ait PC1, PC2, PC3 bileşenleri bulunduktan sonra bu bileşenleri kullanarak denklem 3.13 ile Hue ve Saturation değerlerine ulaşılır.

RGB ve Pan görüntüyü birleştirmek için IHS yöntemine benzer şekilde PC1 bileşeni ile Pan görüntü değiştirilir. Değişimden sonra ters PCA işlemi uygulanarak birleştirilmiş görüntünün RGB değerlerine ulaşılır.

$$\begin{bmatrix} R_{new} \\ G_{new} \\ B_{new} \end{bmatrix} = \begin{bmatrix} \emptyset_{11} & \emptyset_{12} & \emptyset_{13} \\ \emptyset_{21} & \emptyset_{22} & \emptyset_{23} \\ \emptyset_{31} & \emptyset_{32} & \emptyset_{33} \end{bmatrix} \begin{bmatrix} PAN \\ PC2 \\ PC3 \end{bmatrix} \quad (3.14)$$

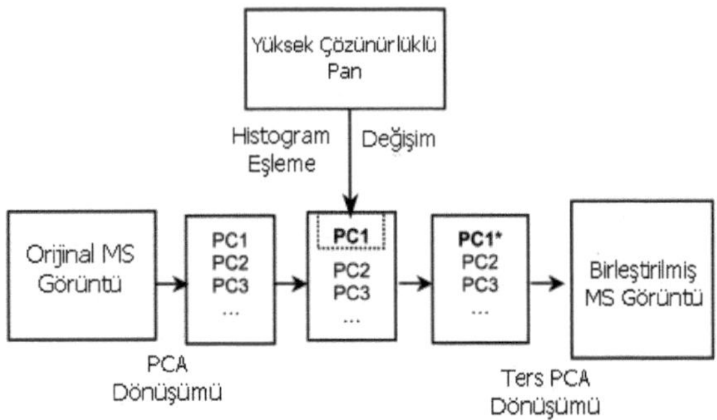


**Şekil-3.2.** PCA görüntü birleştirme şeması

## 3.3 Brovey Dönüşümü

Brovey Dönüşümü (BD), görüntüye ait histogramın en düşük ve en yüksek kenardaki değerleri arasında farklılığı görsel olarak arttırmak için kullanılan bir birleştirme yöntemidir. Bu sebepten dolayı, bu yöntem daha çok farklılıkların göz ile algılanmasının önem kazandığı çalışmalarda kullanılmaktadır (Balçık, Göksel, 2009). BD denklem 3.15'teki gibi tanımlanabilir.

$$\begin{bmatrix} R_{new} \\ G_{new} \\ B_{new} \end{bmatrix} = \gamma \begin{bmatrix} R_0 \\ G_0 \\ B_0 \end{bmatrix} = \frac{Pan}{I_0} \begin{bmatrix} R_0 \\ G_0 \\ B_0 \end{bmatrix}, \quad (3.15)$$

BD ve IHS lineer görüntü birleştirme yöntemleridir. Görüntünün mekânsal çözünürlüğünü aynı oranda değiştirirken renk bilgisini farklı etkilemektedirler. Literatürde yapılan çalışmalarda birleştirdikleri görüntüler kıyaslandığında BD yöntemi ile birleştirilen görüntülerde daha fazla renk bozulmalarının olduğu gözlenmiştir (Tu, Shan, vd, 2001).

## 3.4 Ayrık Dalgacık Dönüşümü

Ayrık dalgacık dönüşümü (Discrete Wavelet Transform-DWT) sinyal işleme alanında geliştirilmiş matematiksel bir araçtır. Bu dönüşüm dalgacık katsayıları ile sayısal bir görüntüyü farklı seviyelerdeki (çözünürlükteki) bir dizi görüntüye ayrıştırır. Her seviyedeki dalgacık katsayıları sıralı iki çözünürlük seviyesi arasındaki mekânsal farklılığı verir. DWT yöntemi ile görüntü birleştirme işlemi aşağıdaki işlem adımlarından oluşur.

- Yüksek çözünürlüklü Pant görüntü dalgacık katsayıları kullanılarak düşük çözünürlüklü görüntülere ayrıştırılır.
- Düşük çözünürlüklü Pan görüntü aynı seviyedeki MS görüntü ile yer değiştirilir.
- Ayrıştırılmış ve yer değiştirilmiş Pan görüntü dizisine ters dalgacık dönüşümü uygulanarak orijinal Pan görüntünün çözünürlük seviyesine gelinir.

Yukarıdaki işlem adımları MS bantların her biri için dönüşüm ve yer değişim işlemi üç kez yapılır. Dalgacık dönüşümü yönteminin adımları Şekil 3.3'te görsel olarak verilmiştir.

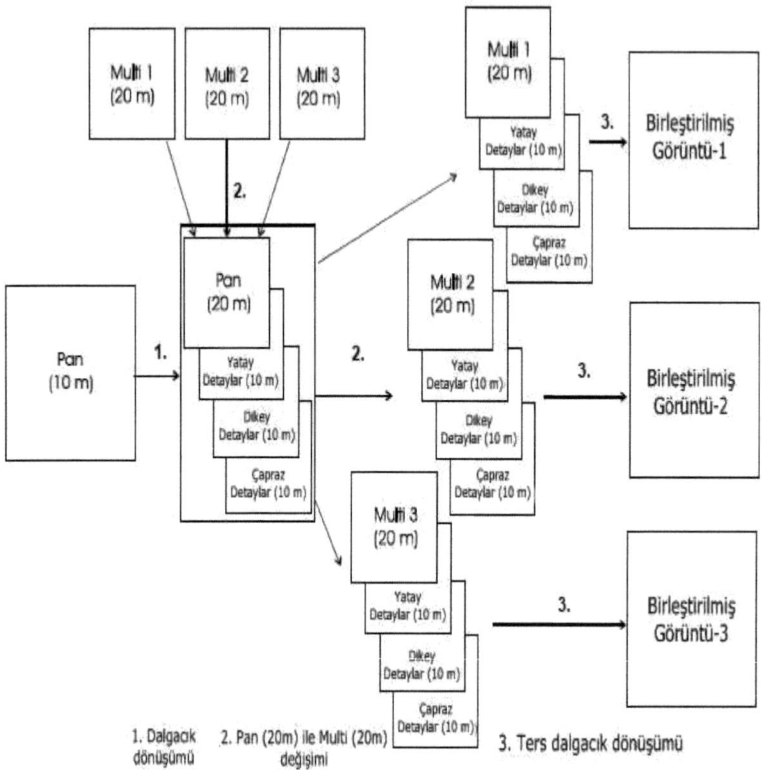


**Şekil 3.3.** Dalgacık tabanlı görüntü birleştirme yöntemi akış şeması

## Görüntü Birleştirme Örnekleri

a. MS

b. Pan

**Şekil-3.4.** Orijinal çok bantlı Quickbird görüntüsü(MS/PAN)

**Şekil 3.5.** Brovey

**Şekil 3.6.** GIHS

**Şekil 3.7.** GIHSF

**Şekil 3.8.** PCA

**Şekil 3.9.** Ayrık Dalgacık

## 3.5 Birleştirme Yöntemlerinde Karşılaşılan Problemler

Şu ana kadar geliştirilmiş yöntemlerin her biri bazı yönleriyle diğerlerine üstünlük sağlamaktadır. Birleştirme yönteminin Pan görüntünün mekânsal bilgisini, MS görüntünün spektral bilgisini koruması ve bunları yaparken hızlı olması istenir. Ancak anlatılan yöntemlerin kimisi mekânsal özellikleri çok iyi korurken ve birleştirmeleri hızlı bir şekilde yaparken MS görüntünün spektral özelliğini koruyamamaktadır. Kimi yöntemler ise birleştirmede renk bilgisini korurken yeterli mekânsal detayı verememekte ayrıca yoğun hesaplamalardan dolayı işlem süresi uzamaktadır.

Yukarıda anlatılan IHS, Brovey, PCA ve Dalgacık dönüşümü yöntemlerinde karşılaşılan sorunları şu şekilde sıralayabiliriz

- IHS'ye dayalı tekniklerde en önemli problem birleştirme sonrası oluşan renk bozulmalarıdır. Görüntülerin birleştirilmesi sonrası mekânsal detay artarken renk bilgisinde bozulmalar meydana gelir. Oluşan renk bozulmaları insan gözünün algılaması dışında programlar tarafından yapılan sınıflandırma işlemlerinde de doğruluğun düşmesine sebep olur.

- PCA yönteminde baskın mekânsal bilgi ve zayıf renk bilgisi sıklıkla karşılaşılan bir problemdir. Bunun sebebi değiştirilen birinci temel bileşenin genellikle en yüksek varyansa sahip olmasıdır. Bu değişim birleştirilen görüntüde Pan görüntünün baskın olmasını sağlar.
- Brovey dönüşümünde, sadece üç bandın dönüşümü yapılabilmektedir. Ayrıca bu dönüşümde de renk bozulmaları görülmektedir.
- Dalgacık tabanlı görüntü birleştirmede yapılan işlem diğer yöntemlere göre daha yoğundur. İşlem yoğunluğu görüntü birleştirme süresini uzatmaktadır. Bu yöntemde yüksek çözünürlüklü görüntüden mekânsal bilgi alındıktan sonra MS bantlara eklenir. Böylece diğer yöntemlerde karşılaşılan renk bozulmaları bu yöntemde azaltılır. Fakat renkler görüntü içine iyi entegre edilememektedir, yani keskin mekansal detaylar sağlanamamaktadır (Zhang, 2002).

## 3.6 Çok Bantlı Görüntülerde Kalite Analizi

Görüntü birleştirme yöntemlerinin görüntüye kazandırdığı mekânsal belirginlik görsel ve istatistiksel olarak değerlendirilebilir. Görsel yorumlamada renk benzerlikleri, görüntü bozulmaları ve nesnelerin ayırt edilebilirliği dikkate alınır (Balçık, Göksel,2009). Görsel değerlendirmeler kişiden kişiye farklılık gösterdiği için yöntemin başarısını ölçmede tek başına kullanılacak bir yol değildir. Değerlendirmenin objektif yapılabilmesi için istatistiksel yöntemler kullanılır. SSIM, ERGAS, SAM ve korelasyon katsayıları birleştirilmiş görüntülerin kalitesini orijinal görüntü ile kıyaslayabileceğimiz istatistiksel yöntemlerdir.

Görüntülerin kalite ölçüleri orijinal görüntünün kullanılma biçimine göre sınıflandırılmaktadır. Kalite ölçütü olarak en çok kullanılan tam referans yaklaşımlarıdır. Tam referans yöntemlerde orijinal görüntü ile sonuç görüntü kıyaslanırken orijinal görüntünün tamamı kullanılır. Tam referans yaklaşımlar haricinde referans görüntünün hiç kullanılmadığı veya bir kısmının kullanıldığı yöntemler de vardır (Zhou W., 2004).

**SSIM**

SSIM (Structural Similarity Index Method ), iki görüntü arasındaki benzerliği ölçmek için kullanılan tam referans bir kalite ölçüsüdür. SSIM Denklem 3.16'daki gibi hesaplanır. Sonuçlar -1 ile +1 arasında değer alır. Sonucun +1'e yaklaşması benzerliği arttığı anlamına gelir (Toet, A., 2010).

$$\mathrm{SSIM}(x,y) = \frac{(2\mu_x\mu_y+c_1)(2\sigma_{xy}+c_2)}{({\mu_x}^2+{\mu_y}^2+c_1)({\sigma_x}^2+{\sigma_y}^2+c_2)} \quad (3.16)$$

**ERGAS**

ERGAS (Erreur Relative Globale Adimensionnelle de Synthêse) 2000 yılında Lucien Wald tarafından düşük çözünürlüklü MS görüntülerin zenginleştirilmesinde kullanılması önerilmiş bir kalite ölçüsüdür (Wald, 2000). Ortalama Karesel Hata Karekökü (Root Mean Square Error-RMSE) temel alınarak geliştirilmiş bir yöntemdir. Çok bantlı görüntülerin birleştirilmesinde yöntemlerin spektral kalite metriğini ölçmede kullanılır. Analizleri yapılacak görüntülerde bant sayısının bir önemi yoktur. Bu sebeple Klasik IHS gibi sadece üç bantlı görüntüleri birleştiren yöntem ile bant sınırlaması olmayan GIHS yönteminin birleştirdiği görüntüler arasında kalite analizi yapılabilmektedir.

$$RMSE(B_k) = \frac{1}{PS}\sqrt{\sum_{k=1}^{N}(B_k - B_k^*)^2} \quad (3.17a)$$

$$M = \frac{1}{N}\sum_{k=1}^{N} M_k \quad (3.17b)$$

$$\mathrm{ERGAS} = 100\frac{h}{l}\sqrt{\frac{1}{N}\sum_{k=1}^{N} {RMSE(B_k)^2}\Big/{(M_k)^2}} \quad (3.17c)$$

**SAM**

SAM (Spectral Angle Mapper) algoritması, görüntüler arasındaki spektral benzerlikleri iki vektör (orijinal ve birleştirilmiş görüntü) arasındaki açıya bakarak hesaplar. Görüntüleri vektör olarak kabul eder ve denklem 4.9 ile aralarındaki α açısını bulur. Denklemde geçen $t_i$ ve $r_i$ sırasıyla test ve referans (orijinal) görüntülerin i. bandını, b ise görüntülerdeki bant sayısını temsil eder (Park, B., vd., 2007).

$$\alpha = cos^{-1}(\frac{\sum_{i=1}^{b} t_i r_i}{(\sum_{i=1}^{b} t_i^2)^{1/2} (\sum_{i=1}^{b} r_i^2)^{1/2}}) \quad (3.18)$$

**Korelasyon Katsayısı**

İki değişken arasındaki ilişkinin derecesini ve yönünü belirlemek amacıyla kullanılan istatistiksel yöntemlerden biridir. Korelasyon katsayısı -1 ile +1 arasında değerler alabilir ve değişkenler arsındaki ilişkinin düzeyini, rakamların mutlak büyüklüğü, yönünü ise rakamların işareti ( pozitif ya da negatif olması ) belirler. Birleştirilmiş görüntü ile orijinal görüntü arasındaki korelasyon katsayısına bakarak birleştirilmiş görüntünün kalite analizi yapılabilir (Balçık, Göksel, 2009).

$$r = \frac{n(\sum XY) - (\sum X)(\sum Y)}{\sqrt{[n(\sum X^2) - (\sum Y^2)][n(\sum Y^2) - (\sum X^2)]}} \quad (3.19)$$

# 4. Önerilen Yöntem ve Materyal

IHS tabanlı görüntü birleştirme tekniklerinde yoğunluk bileşeni farklı şekillerde elde edilmektedir. Genelleştirilmiş IHS dönüşümünde I bileşenini elde etmek için Pan görüntünün spektral aralığına karşılık gelen çok bantlı görüntülere eşit ağırlık uygulanmaktadır. Sonrasında geliştirilen GIHSF yöntemi ile IKONOS görüntüleri ile yapılan çalışmalarda katsayılar üzerinde değişiklikler yapılarak renk bozulmalarının en az olduğu sabit katsayılar seçilmiştir. GIHS ve GIHSF yöntemleri sabit katsayılar kullanıp, her farklı görüntüye bağlı olarak farklı katsayı üreten dinamik bir model oluşturamamıştır. GIHSA yönteminde çok bantlı görüntü bantları ile Pan görüntü arasındaki lineer regresyona bakarak ağırlık katsayılarını belirlemiştir. Görüntülerin I bileşenin bulunması için ağırlık katsayılarının bir modele göre üretilmesi fikri GIHSA yöntemi ile ortaya atılmıştır. Tezde önerilen PMIHS yöntemi dinamik bir yapıya sahip olup, görüntüye bağlı olarak ağırlık katsayıları elde edilmektedir. Önerilen yöntemde, uydu verisindeki her spektral görüntünün özvektörleri hesaplanarak zenginleştirilmiş görüntü ağırlık katsayıları bulunmaktadır.

IHS görüntü birleştirme algoritmalarının görüntüdeki mekânsal detay bilgisini çok iyi korumalarının yanında hızlı ve pratik olmaları çok tercih edilmesindeki en önemli sebeplerden birisidir. Dolayısıyla tezde önerilen yöntemde renk bilgisini iyi korumasının yanında üzerinde durulan özelliklerden biri de algoritmanın çalışma hızıdır. Yöntemde klasik IHS dönüşümüne ek olarak görüntü bantlarının özvektörlerini hesaplama işlemi vardır. Dolayısıyla yöntemin çalışma hızını belirleyecek olan en önemli etken görüntü bantlarına ait özvektörlerin bulunma hızıdır. Literatürde özvektör ve özdeğerleri bulmak için kullanılacak birçok yöntem mevcuttur. Bu yöntemler matrisin çeşidine ve boyutuna göre farklı performanslara sahiptirler.

## 4.1 Özvektörler ve Özdeğerler

Bazı kaynaklarda karakteristik kökler, karakteristik değerler, proper değerler, latent kökler olarak da bilinen özdeğerler bir denklem sistemi ile ilişkili özel sayılardır. Bu sayılar denklem sistemini ifade eden matrisler hakkında önemli bilgiler verir.

Verilen n. dereceden bir A matrisi için λ gibi bir skaler değer ve 0 olmayan bir X vektörü seçelim.

$$Ax = \lambda x \qquad (4.1)$$

Denklem 4.1'i sağlayan her bir λ değerine A matrisine ait bir özdeğer denir. λ özdeğeri ile birlikte denklemi sağlayan her bir x vektörüne (x≠0 olmak üzere) de λ özdeğerine bağlı özvektör denir. A matrisinin n adet özdeğeri ve bu özdeğerlere bağlı özvektörler vardır. Denklemi sağlayan özdeğere ve buna bağlı özvektörün ikisine birden A matrisine ait özçift denir.

Literatürde özdeğer ve özvektörlerin bulunması ile ilgili birçok yöntem mevcuttur. Öz problemin analitik olarak çözülmesi durumunda matrise ait bütün özdeğer ve özvektörleri bulabiliriz. Ancak matriste boyut arttıkça işlem karmaşıklığı ve çözüm için gerekli süre de artacağından analitik çözüm büyük boyutlardaki matrisler için uygun değildir. Büyük boyutlu matrislere ait özdeğerleri bulmak için nümerik çözümlere ihtiyaç duyulur.

Öz problem çözümü için kullanılan yöntemleri üç ana başlık altında toplayabiliriz.

1. Karakteristik Polinom Yöntemi
2. Vektör İterasyon Yöntemleri
3. Transformasyon Yöntemleri

### 4.1.1 Karakteristik Polinom Yöntemi

A, n x n boyutlu bir matris olsun. Ax = λx olacak biçimde $K_1^n$ uzayının sıfırdan farklı en az bir **x** vektörü varsa λ sayısına A matrisinin bir özdeğeri (veya karakteristik değeri) denir. Ax =λx olacak biçimde sıfırdan farklı en az bir x vektörünün bulunması için det(λI-A) = 0 olmasının gerekli ve yeterli olduğu kolayca görülebilir. Gerçekten Ax = λx eşitliği önce Ax = (λI)x biçiminde sonrada (λI-A)x = 0 biçiminde yazılabilir. $K_1^n$ uzayında, (λI-A)x = 0 eşitliğini doğrulayan sıfırdan farklı en az bir x elemanının bulunması için det(λI-A) = 0 olması gereklidir. Buna göre A matrisinin özdeğerleri, det(λI-A) = 0 eşitliğini doğrulayan λ sayılarıdır(Sabuncuoğlu A, 2008).

Karekteristik Polinom yöntemi aşamaları şöyledir;

- Ax-λx=0
- (A-λ*I*)x=0 (4.2)

Çıkarma işleminde matris boyutlarının uyuşması için λ'yı birim matrisle(*I*) ile çarpıyoruz.

- Denklem-4.2'de 0'dan farklı çözümlerin bulunması için matrisin tekil olması gerekir. Tekil matrislerin determinantı 0'a eşit olduğundan det(A-λI)=0 olur. (4.3)

Bulunan matrisin determinantını çözdüğümüzde karakteristik fonksiyona ulaşılır.

$f(\lambda) = \lambda^n + c_1\lambda^{n-1} \dots\dots c_n$ (4.4)

Karakteristik fonksiyonun kökleri A matrisine ait özdeğerlerdir. Bu özdeğerler denklem 4.2'de yerine yazılır. Bu özdeğerlerin yerine yazılmasıyla oluşan homojen denklem sistemi çözülür ve özvektörlere ulaşılır.

**Örnek 4.1** $A = \begin{bmatrix} 4 & -1 & 5 \\ 0 & 6 & 0 \\ 1 & -2 & 0 \end{bmatrix}$ matrisine ait özdeğer ve özvektörler karakteristik polinom yöntemiyle bulunacak olursa;

A-λI matrisini bulup determinantını 0'a eşitleyip bulunan polinom şu şekilde çözülür:

$$\begin{bmatrix} 4-\lambda & -1 & 5 \\ 0 & 6-\lambda & 0 \\ 1 & -2 & \lambda \end{bmatrix} = 0$$

- $(4-\lambda)(6-\lambda)\lambda + 5(6-\lambda) = 0$
- $\lambda(\lambda^2 - 10\lambda + 24\,) - 5\lambda + 30 = 0$
- $\lambda^3 - 10\lambda^2 + 19\lambda + 30 = 0$
- $(\lambda + 1)(\lambda^2 - 11\lambda + 30) = 0$
- $(\lambda + 1)(\lambda - 5)(\lambda - 6 = 0)$
- $\boldsymbol{\lambda_1 = -1}, \;\; \boldsymbol{\lambda_2 = 5}, \;\; \boldsymbol{\lambda_3 = 6}$

$\lambda_1 = -1$ için özvektör hesaplanacak olursa

(A - λI)x = 0 homojen denklem sistemini λ = -1 için çözümü şöyledir

$$(\lambda I - A)x = \begin{bmatrix} \lambda-4 & -1 & 5 \\ 0 & \lambda-6 & 0 \\ 1 & -2 & \lambda \end{bmatrix} \begin{vmatrix} x_1 \\ x_2 \\ x_3 \end{vmatrix} = \begin{vmatrix} 0 \\ 0 \\ 0 \end{vmatrix}$$

$$\begin{bmatrix} -5 & -1 & 5 \\ 0 & -7 & -1 \\ 1 & -2 & -1 \end{bmatrix} \begin{vmatrix} x_1 \\ x_2 \\ x_3 \end{vmatrix} = \begin{vmatrix} 0 \\ 0 \\ 0 \end{vmatrix}$$

denklem sistemini Gauss eliminasyon yöntemiyle çözerek $x_1$, $x_2$, $x_3$ değerleri aşağıdaki gibi elde edilir.

- $\begin{vmatrix} -5 & 1 & -5 & 0 \\ 0 & -7 & 0 & \vdots\, 0 \\ -7 & 2 & -1 & 0 \end{vmatrix}$
- $\begin{vmatrix} -5 & 1 & -5 & 0 \\ 0 & 7 & 0 & \vdots\, 0 \\ 0 & 9 & 0 & 0 \end{vmatrix}$
- $\begin{vmatrix} -5 & 1 & -5 & 0 \\ 0 & 7 & 0 & \vdots\, 0 \\ 0 & 0 & 0 & 0 \end{vmatrix}$

$\lambda_1 = -1'e\ karşılık\ gelen$ öz $vektör\ X_1 = \begin{bmatrix} -k \\ 0 \\ +k \end{bmatrix}$ olarak bulunur.

$\lambda_2 = 5$ için özvektör bulunacak olursa.

$$(\mathrm{A} - \lambda\mathrm{I})\mathrm{x} = \begin{bmatrix} 4-\lambda & -1 & 5 \\ 0 & 6-\lambda & 0 \\ 1 & -2 & 0-\lambda \end{bmatrix} \begin{vmatrix} \mathrm{x}_1 \\ \mathrm{x}_2 \\ \mathrm{x}_3 \end{vmatrix} = \begin{vmatrix} 0 \\ 0 \\ 0 \end{vmatrix}$$

$$\begin{bmatrix} -1 & -1 & 5 \\ 0 & 1 & 0 \\ 1 & -2 & -5 \end{bmatrix} \begin{vmatrix} x_1 \\ x_2 \\ x_3 \end{vmatrix} = \begin{vmatrix} 0 \\ 0 \\ 0 \end{vmatrix}$$

- $\begin{vmatrix} 1 & 1 & -5 & 0 \\ 0 & -1 & 0 & \vdots\, 0 \\ -1 & 2 & 5 & 0 \end{vmatrix}$
- $\begin{vmatrix} 1 & 1 & -5 & 0 \\ 0 & 1 & 0 & \vdots\, 0 \\ 0 & 1 & 0 & 0 \end{vmatrix}$
- $\begin{vmatrix} 1 & 1 & -5 & 0 \\ 0 & 1 & 0 & \vdots\, 0 \\ 0 & 0 & 0 & 0 \end{vmatrix}$

$\lambda_2 = -5'e\ karşılık\ gelen$ öz $vektör\ X_1 = \begin{bmatrix} +5k \\ 0 \\ -k \end{bmatrix}$ olarak bulunur.

$\lambda_3 = 6$ için özvektör aşağıdaki gibi bulunur.

$$(A-\lambda I)x = \begin{bmatrix} 4-\lambda & -1 & 5 \\ 0 & 6-\lambda & 0 \\ 1 & -2 & 0-\lambda \end{bmatrix} \begin{vmatrix} x_1 \\ x_2 \\ x_3 \end{vmatrix} = \begin{vmatrix} 0 \\ 0 \\ 0 \end{vmatrix}$$

$$\begin{bmatrix} -2 & -1 & 5 \\ 0 & 0 & 0 \\ 1 & -2 & -6 \end{bmatrix} \begin{vmatrix} x_1 \\ x_2 \\ x_3 \end{vmatrix} = \begin{vmatrix} 0 \\ 0 \\ 0 \end{vmatrix}$$

➢ $\begin{vmatrix} 2 & 1 & -5 & 0 \\ 0 & 0 & 0 & \vdots 0 \\ -1 & 2 & 6 & 0 \end{vmatrix}$

➢ $\begin{vmatrix} 2 & 1 & -5 & 0 \\ 0 & 0 & 0 & \vdots 0 \\ 1 & 3 & 1 & 0 \end{vmatrix}$

➢ $\begin{vmatrix} 2 & 1 & -5 & 0 \\ 0 & 0 & 0 & \vdots 0 \\ 0 & 5 & 7 & 0 \end{vmatrix}$

$$\lambda_3 = 6'ya\ karşılık\ gelen\ öz\ vektör\ X_3 = \begin{bmatrix} 16k \\ -7k \\ 5k \end{bmatrix}$$

Bilgisayar yazılımlarında genellikle vektör bileşenleri toplamı bire eşitlenerek k değeri bulunur.

### 4.1.2 Vektör İterasyon Yöntemleri

Faddeev-Leverrier Method, Power Method, Inverse Power Method gibi çeşitli vektör iterasyon yöntemleri vardır. Bunlardan birçoğu Rayleigh Bölmesi yöntemini kullanır. Vektör iterasyon yöntemleri ile matrise ait tek bir özdeğer bulunabilir.

**Kuvvet Metodu**

Kuvvet Metodu (Power Method-PM), büyük boyuttaki matrislerin dominant özçiftini bulmada kullanılan iteratif bir yöntemdir. Matrisin tüm özdeğerlerinin bulunmasını gerektirmeyen durumlarda kullanılabilir. PM ilk iterasyonda bir başlangıç vektörüne ihtiyaç duyar. Başlangıçta kullanılan bu vektör sonuçtan bağımsızdır ancak aranan değere ulaşmak için gerekli iterasyon sayısını değiştirebilmektedir. Seçilen başlangıç vektörü her iterasyon sonunda değişir ve özvektöre yaklaşır. Kuvvet iterasyon yönteminin aşamaları şu şekildedir;

1. **Adım** : İterasyonun başlangıcında verilecek $x_0$ başlangıç özvektörü seçilir. $x_0$ normalize edilerek $y_0$'a eşitlenir.

$$y_0 = \frac{x_0}{\|x_0\|}$$

2. **Adım** : $y_0$ öz çifti bulunmak istenen A matrisi ile çarpılır. Çarpım sonucu elde edilen vektör ikinci iterasyonda kullanılacak olan $x_1$ vektörüdür. $x_1$ vektörü normalize edilir ve $y_1$'e eşitlenir.

$$Ay_0 = x_1\,,\, y_1 = \frac{x_1}{\|x_1\|}$$

3. **Adım** : $y_1$ A ile çarpılarak yeni x vektörü bulunur.

$$Ay_1 = x_2,\ y_2 = \frac{x_2}{\|x_2\|}$$

4. **Adım** : Dışarıdan girilen iterasyon sayısına veya hata tolerans değerine göre bu işlem tekrarlanır. İterasyon n kez tekrarlanırsa $Ay_n = \lambda y_n$ olur.

Buna göre λ A matrisinin dominant özdeğeri, $y_n$ dominant özdeğere bağlı özvektör olarak bulunur.

**Örnek 4.3** $A = \begin{bmatrix} 0 & 11 & -5 \\ -2 & 17 & -7 \\ -4 & 26 & -10 \end{bmatrix}$ matrisinin dominant öz çiftini kuvvet iterasyon yöntemi ile aşağıdaki gibi hesaplanır.

Başlangıç vektörü : $X_0 = [1, 1, 1]'$

**1. İterasyon :**

$$\begin{bmatrix} 0 & 11 & -5 \\ -2 & 17 & -7 \\ -4 & 26 & -10 \end{bmatrix}\begin{bmatrix} 1 \\ 1 \\ 1 \end{bmatrix} = \begin{bmatrix} 6 \\ 8 \\ 12 \end{bmatrix}$$

$$\begin{bmatrix} 6 \\ 8 \\ 12 \end{bmatrix} = 12\begin{bmatrix} 1/2 \\ 2/3 \\ 1 \end{bmatrix}$$

**2. İterasyon :**

$$\begin{bmatrix} 0 & 11 & -5 \\ -2 & 17 & -7 \\ -4 & 26 & -10 \end{bmatrix}\begin{bmatrix} 1/2 \\ 2/3 \\ 1 \end{bmatrix} = \begin{bmatrix} 7/3 \\ 10/3 \\ 16/3 \end{bmatrix}$$

$$\begin{bmatrix} 7/3 \\ 10/3 \\ 16/3 \end{bmatrix} = 16/3 \begin{bmatrix} 7/16 \\ 5/8 \\ 1 \end{bmatrix}$$

**Çizelge 4.1.** İterasyon Sonuçları

$AX_0$ = [6.000000 8.000000 12.00000]′ = 12.00000[0.500000 0.666667 1]′

$AX_1$ = [2.333333 3.333333 5.333333]′ = 5.333333[0.437500 0.625000 1]′

$AX_2$ = [1.875000 2.750000 4.500000]′ = 4.500000[0.416667 0.611111 1]′

$AX_3$ = [1.722222 2.555556 4.222222]′ = 4.222222[0.407895 0.605263 1]′

$AX_4$ = [1.657895 2.473684 4.105263]′ = 4.105263[0.403846 0.602564 1]′

$AX_5$ = [1.628205 2.435897 4.051282]′ = 4.051282[0.401899 0.601266 1]′

$AX_6$ = [1.613924 2.417722 4.025316]′ = 4.025316[0.400943 0.600629 1]′

$AX_7$ = [1.606918 2.408805 4.012579]′ = 4.012579[0.400470 0.600313 1]′

$AX_8$ = [1.603448 2.404389 4.006270]′ = 4.006270[0.400235 0.600156 1]′

$AX_9$ = [1.601721 2.402191 4.003130]′ = 4.003130[0.400117 0.600078 1]′

$AX_{10}$ = [1.600860 2.401095 4.001564]′ = 4.001564[0.400059 0.600037 1]′

10. iterasyon sonunda A matrisine ait dominant özdeğer 4.00156 ve bu özdeğere bağlı özvektör de [0.400059, 0.600039, 1]′ olarak bulunur. Yapılan hesaplamalarda iterasyon sayısı dışarıdan girilen iterasyon sayısı ile veya bir hata değeri (durdurma kriteri) ile belirlenir.

**Ters Kuvvet Metodu**

Ters Kuvvet Metodu (Inverse Power Method-IPM), matrisin özvektörünü iteratif olarak hesaplamak için literatürde yaygın olarak kullanılan bir yöntemdir. IPM matrise ait en küçük özdeğeri ve bu özdeğere bağlı özvektörü bulur.

IPM matrisin en küçük özçiftini bulmak için PM'i temel alır. Özvektörü bulunmak istenen matrisin tersi alınarak PM'deki iterasyona tabi tutulur. Bulunan özdeğerler orijinal matrisin özdeğerlerin çarpmaya göre tersidir.

$$\lambda_n{}^{-1} > \lambda_{n-1}{}^{-1} > \lambda_{n-2}{}^{-1} \dots > \lambda_1{}^{-1} \tag{4.5}$$

$$AV = \lambda V \longrightarrow A^{-1}V = \lambda^{-1}V \tag{4.6}$$

Denklem 4.6 temel alınarak $A^{-1}$ matrisine power yöntemi uygulanırsa $A^{-1}$ için bulunan dominant özdeğer A matrisinin en küçük özdeğeri olur. Denklem 4.6'da bulunan özdeğer yerine yazılırsa en küçük özdeğere bağlı özvektör bulunur.

### 4.1.3 Transformasyon Yöntemleri

Bu yöntemde amaç matrisleri daha basit hale getirerek özdeğerlerin elde edilmesidir. İki temel yöntem kullanılır. Bunlar genelleştirilmiş Jakobi yöntemi ile $QR$ yöntemleridir. Büyük ölçekli problemler için daha uygun olan bu metotlardan $QR$ metodu matrislerin üst veya alt üçgen matris haline getirilmesi, Jakobi metodu ise matrislerin diyagonal haline getirilmesi esasına dayanmaktadır. Bu metotlarda bant matris yerine matrislerin tamamı kullanılır ve sonuçta bütün özdeğerler birlikte elde edilir. (Topçu M., Taşgetiren S., 1998)

## 4.2 PMIHS Yöntemi

PMIHS yöntemi ile IHS dönüşümünde renk bozulmalarına neden olan algılayıcılar arasındaki spektral farklılıklar, kuvvet ve indirgeme metodu gibi çeşitli matris analiz teknikleri ile matematiksel olarak modellenerek sayısal olarak çözülmeye çalışmıştır. Yöntemde amaç IHS tabanlı görüntü zenginleştirmede karşılaşılan renk bozulmalarını en aza indirgemektir. PMIHS yönteminde görüntü bantlarının spektral özelliğine uygun katsayılar bantların PM ile özvektörleri bulunarak üretilir. Yöntem görüntünün spektral özelliklerine göre katsayı ürettiği için birleştirilen görüntüde renk bozulmalarının daha az olması beklenir.

I bileşeni PM ile üretilen katsayılar yoluyla bulunduktan sonra birleştirme işlemi genelleştirilmiş IHS'deki işlem adımlarına göre sürdürülür. Yönteme ait işlem adımları Şekil 4.1'deki akış şemasında görülmektedir.

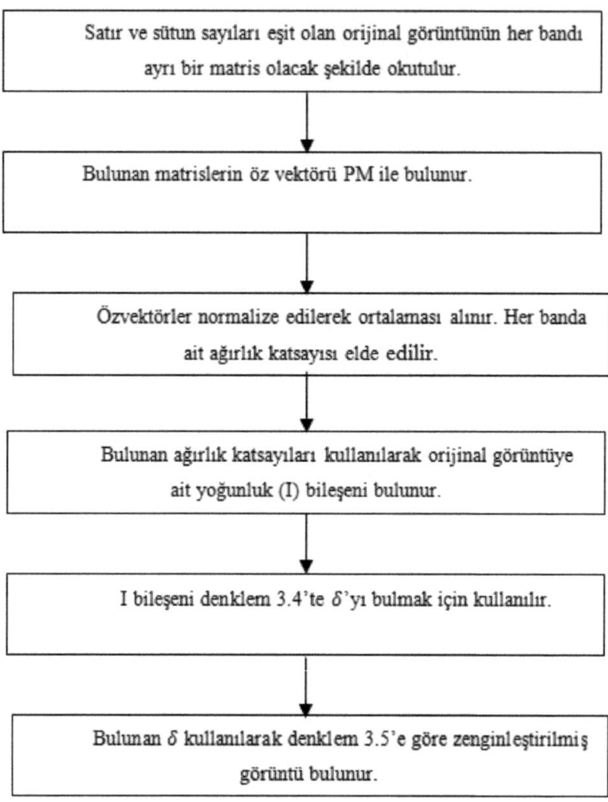


**Şekil 4.1.** PMIHS görüntü birleştirme yöntemi akış şeması

## 4.3Kullanılan Veriler ve Deneysel Sonuçlar

Yöntemin farklı arazi örtülerindeki zenginleştirme yeteneğini ölçmek için uygulamada kentten ve tarım arazisinden alınan görüntüler kullanıldı. Çalışmada kullanılmak üzere 110Y198 nolu TUBİTAK proje desteği ile alınan Kayseri iline ait 30.08.2009 tarihli tarım arazisi ve kent alanına ait QuickBird uydu görüntüleri kullanılmıştır. Görüntülerin geometrik ve radyometrik düzeltmeleri yapılmış olarak dağıtıcı firmadan temin edilmiştir. Görüntü birleştirme yöntemlerinde uydu çekim zamanlarının aynı olması, Pan ve çok bantlı görüntüler arasındaki geometrik ve spektral uyum gibi bir takım şartlar ve unsurlar, zenginleştirilmiş görüntünün kalitesini önemli derecede etkilemektedir. Dolayısıyla çalışmada eş zamanlı çekilmiş ve sadece Pan verilerin spektral aralığına karşılık gelen çok bantlı görüntüler kullanılarak birleştirme işlemleri gerçekleştirilmiştir.

Görüntü bantlarına ait ağırlık katsayıları özvektörler ile bulunacağından ve özvektörler kare matrislere uygulanabilir olduğundan görüntülerin boyutları eşit olacak şekilde kesilmiştir. Yöntemin görüntülere uygulanması için gerekli kodlar MATLAB 7.7.0 programlama dilinde geliştirilmiş ve geliştirilen kodların kullanımını kolaylaştırmak açısından MATLAB GUI ile bir ara yüz tasarlanmıştır (Şekil 4.2). Tasarlanan ara yüz programı kapsamında, görüntü bantlarına ait katsayıların hesaplanması, MS ve Pan görüntülerinin seçilmesi, geliştirilen özvektör ve IHS tabanlı yöntemlerin uygulanabilmesi, elde edilen birleştirilmiş görüntülerin spektral kalite analiz işlemlerinin gerçekleştirilmesi ve sonuçlarının dökümü sağlanmıştır.

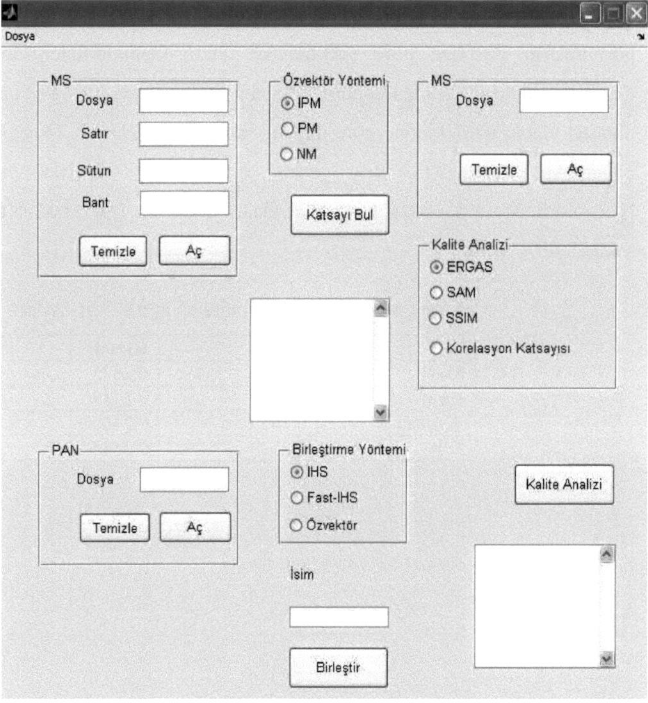


**Şekil 4.2.** Görüntü Birleştirme ve Kalite Analizi Programı

MS görüntülerin mekansal çözünürlüğü 2.6 m Pan görüntülerin çözünürlüğü 0.6 m'dir. MS görüntüler R, G, B ve NIR olmak üzere dört banttan oluşmaktadır. Görüntü bantlarının spektral aralığı ve mekansal özellikleri Çizelge 4.2'de verilmiştir.

**Çizelge 4.2.** QuickBird MS ve Pan görüntülerine ait spektral ve geometrik özellikler

<table>
<tr><th colspan="4">QuickBird</th></tr>
<tr><th colspan="2">Bant Adı</th><th>MS (nm)</th><th>Pan(nm)</th></tr>
<tr><td>1</td><td>Mavi</td><td>450-520</td><td rowspan="4">450-900</td></tr>
<tr><td>2</td><td>Yeşil</td><td>520-600</td></tr>
<tr><td>3</td><td>Kırmızı</td><td>630-690</td></tr>
<tr><td>4</td><td>NIR</td><td>760-900</td></tr>
<tr><td colspan="2">Geometrik Çözünürlük (m)</td><td>2.4</td><td>0.6</td></tr>
</table>

Uygulamada yüksek frekansa sahip kent ve düşük frekansa sahip kırsal alan görüntülerinin PMIHS yöntemi ile birleştirilmesinde kullanılmak üzere hesaplanan ağırlık katsayıları Tablo 4.3'de verilmiştir. Ağırlık katsayıları incelendiğinde görüntülerin birbirine göre spektral ve doku özelliklerinden dolayı elde edilen değerlerde farklılıklar olduğu görülmektedir. Dolayısıyla, geliştirilen model görüntünün alındığı alanın özelliklerine göre dinamik bir yapıya sahiptir. Örneğin yapay objelerin çoğunlukta bulunduğu kent alanı görüntüsüne ait katsayıların sıralaması NIR>Yeşil>Mavi>Kırmızı iken tarım alanı görüntüsü için Mavi>NIR>Kırmızı>Yeşil şeklindedir.

**Çizelge 4.3.** PMIHS ile bulunan ağırlık katsayıları

| | **Kent** | **Kırsal** |
|---|---|---|
| Mavi | 0,2501 | 0.2575 |
| Yeşil | 0,2508 | 0.2419 |
| Kırmızı | 0,2459 | 0.2460 |
| NIR | 0,2529 | 0.2544 |

a. Tarım arazisine ait MS görüntü

b. Tarım arazisine ait Pan görüntü

c. Kentten alınmış MS görüntü

c. Kentten alınmış Pan görüntü

**Şekil 4.3.** QuickBird uydusundan alınmış Kayseri ilinin kent ve kırsal kesimine ait orijinal görüntüler

a. GIHS

b. GIHSF

c. IHS

d. PMIHS

**Şekil 4.4.** Kırsal kesime ait görüntülerin IHS, GIHS, GIHSF ve PMIHS ile birleştirilmesi sonucu oluşan görüntüler

a. GIHS

b. GIHSF

c. IHS

**d.** PMIHS

**Şekil 4.5.** Kent alanına ait GIHS, GIHSF ve PMIHS yöntemleri ile elde edilen birleştirilmiş görüntüler

## 4.4Kalite Analizi

Uygulamada elde edilen birleştirilmiş görüntüler orijinal çok bantlı görüntüler ile kıyaslanmıştır, özellikle renk bozulmaları ve arazi örtülerinin ayırt edilebilme özellikleri analiz edilmiştir. PMIHS yöntemi ile elde edilen sonuç görüntüler literatürdeki IHS tabanlı diğer yöntemlerle kıyaslanmış, sonuçlar görsel ve istatistiksel olarak değerlendirilmiştir. Kentten ve kırsal alandan alınan görüntülerin PMIHS yöntemi ve diğer IHS tabanlı yöntemler ile birleştirilmiş sonuç görüntüleri Şekil 4.3 ve Şekil 4.4'te verilmiştir. Diğer yandan, görsel analiz sonuçları kişiden kişiye farklılık gösterebildiği için yöntemleri her zaman objektif olarak değerlendirmek mümkün olmamaktadır (Çetin ve Musaoğlu, 2009). Bu kapsamda çalışmada görsel sonuçların yanında istatistiksel yöntemler de kullanılmıştır. Uygulamada görüntülerin spektral kalitesini ölçmek için ERGAS, SAM, SSIM ve korelasyon katsayıları gibi istatiksel metrikler kullanılmıştır.

Çizelge 4.4 ve 4.5'te kent ve kırsala ait birleştirilmiş görüntülerin kalitesini gösteren ERGAS, SSIM ve SAM sonuçları görülmektedir. Bu yöntemler korelasyon katsayılarında olduğu gibi bantları ayrı ayrı değerlendirmek yerine tüm görüntü için tek bir skaler değer döndürmektedir. Bantların ayrı değerlendirildiği korelasyon katsayıları Çizelge 4.6 ve 4.7'de verilmiştir.

**Çizelge 4.4.** Kırsal kesime ait görüntünün ERGAS, SSIM ve SAM sonuçları

| **Kırsal** | | | |
|---|---|---|---|
| | ERGAS | SSIM | SAM |
| PMIHS | 5.0209 | 0.7644 | 2.5084 |
| IHS | 11.7205 | 0.5402 | 3.4415 |
| GIHS | 5.04231 | 0.7628 | 2.5229 |
| GIHSF | 3.6869 | 0.7821 | 1.6805 |

**Çizelge 4.5.** Kente ait görüntünün ERGAS, SSIM ve SAM sonuçları

| **Kent** | | | |
|---|---|---|---|
| | ERGAS | SSIM | SAM |
| PMIHS | 9.1820 | 0.3079 | 4.3099 |
| IHS | 9.5885 | 0.2400 | 4.0182 |
| GIHS | 9.1735 | 0.3078 | 4.2928 |
| GIHSF | 9.1696 | 0.3233 | 4.4802 |

**Çizelge 4.6.** Kırsal Görüntü bantlarına ait korelasyon katsayıları

| Korelasyon Katsayıları | | | | |
|---|---|---|---|---|
| Kırsal | Bant1 | Bant2 | Bant3 | Bant4 |
| PMIHS | 0,7660 | 0,9181 | 0,9375 | 0,9634 |
| IHS | 0.5136 | 0.8096 | 0.8407 | - |
| GIHS | 0,7675 | 0,9185 | 0,9378 | 0,9634 |
| GIHSF | 0,8273 | 0,9366 | 0,9562 | 0,9493 |

**Çizelge 4.7.** Kent Görüntü bantlarına ait korelasyon katsayıları

| Korelasyon Katsayıları | | | | |
|---|---|---|---|---|
| Kent | Bant1 | Bant2 | Bant3 | Bant4 |
| PMIHS | 0,2124 | 0,5217 | 0,5143 | 0,5862 |
| IHS | 0.1136 | 0.4630 | 0.4630 | - |
| GIHS | 0,2114 | 0,5211 | 0,5133 | 0,5807 |
| GIHSF | 0,2549 | 0,5502 | 0,5527 | 0,5736 |

Çizelgelerdeki sayısal verilere incelendiğinde klasik IHS ile diğer yöntemler arasında önemli bir farkın olduğu görülmektedir. Bu yöntemde görsel olarak da fark edilen renk bozulmaları, yapılan istatistiksel analizin sonuçlarına da yansımıştır. Klasik IHS dışındaki yöntemleri kendi aralarında kıyasladığımızda katsayıların sabit olarak belirlendiği GIHSF yönteminde sonuçların GIHS ve PMIHS yöntemlerine göre küçük farklarla daha iyi olduğu görülür. Aynı şekilde tezde önerilen PMIHS yönteminin GIHS yöntemine göre daha iyi olduğu çizelgelerde verilen sonuçlarda da görülmektedir.

# 5. Sonuçlar

Tezdeki deneysel çalışmalarda IHS tabanlı görüntü birleştirme yöntemleri ve bu konuda yeni bir yaklaşım olarak önerilen PMIHS yöntemi kıyaslamıştır. Uygulamada Kayseri ilinden alınan QuickBird uydu görüntüleri kullanılmıştır. Yöntemlerin farklı desenlere ve spektral özelliklere sahip görüntülerdeki sonuçlarını gözlemlemek için kent görüntüsü ve kırsal bölgeye ait görüntüler kullanılmıştır.

Uygulanan yöntemlerin tümünde kırsal görüntüler için bulunan sonuçlar kent görüntülerine göre daha başarılıdır. Kent görüntüleri kırsal kesime ait görüntülere göre daha fazla renk geçişleri (yüksek frekanslı bilgi) içermekte olup daha karmaşıktır. Buna karşın kırsal görüntüler daha homojen bir yapıya sahip olup alçak frekanslı veri içermektedir. Dolayısıyla, istatistiksel yöntemlerde kentsel görüntülere ait sonuçların daha düşük çıkmasına sebep olmaktadır. Bununla birlikte, Uygulamada birleştirilmiş olan kent görüntülerindeki bantların korelasyon katsayıları kırsal görüntüye göre daha düşük çıkmıştır. Fakat farklı bölgelerden alınan görüntülerin zenginleştirilmesinde elde edilen başarı kullanılan yöntemlerin başarı sırasını değiştirmemektedir.

Çalışmada elde edilen sonuçlara baktığımızda GIHSF, GIHS ve PMIHS yöntemlerinden elde edilen görüntüler görsel olarak bir birine çok yakın çıkmıştır. Ancak orijinal görüntünün sadece üç bandını alan klasik IHS yöntemi ile yapılan birleştirmede, Şekil 4.4c ve Şekil 4.5c'deki sonuç görüntülerden de anlaşıldığı gibi belirgin renk bozulmaları meydana gelmektedir. Klasik IHS ile yapılan birleştirmede sonuç görüntünün orijinal görüntüye ait doğal renkleri yansıtmadığını açıkça görmekteyiz. Sonrasında geliştirilen GIHS, GIHSF ve tezde önerilen PMIHS yöntemlerinde ise başarılı sonuçlar alınmıştır. Renk bozulması önerilen yöntemde klasik IHS yöntemine göre daha az olmakta ve kabul edilebilir sonuçlar vermektedir.

Sonuç olarak yapılan çalışmada PMIHS'nin birleştirdiği görüntülerde iyi mekânsal zenginleştirme yapmanın yanında renk bozulmalarını önemli derecede azalttığı ve son yıllarda geliştirilmiş olan IHS tabanlı yöntemlere alternatif bir yöntem olarak kullanılabileceği görülmüştür.

# 6. Kaynaklar

Aiazzi, B, Baronti, S., Selva, M., 2007, Improving component substitution pensharpening through multivariate regression of MS + Pan data, IEEE Transactions on Geoscience and Remote Sensing, s. 3230-3239.

Altuntaş, C., Özşen, Ç., 2002, Uzaktan algılama görüntülerinde dijital görüntü işleme ve RSImage yazılımı, Selçuk Üniversitesi jeodezi ve fotogrametri mühendisliği öğretiminde 30. Yıl sempozyumu, Konya.

Balçık F. B., Göksel Ç., 2009, SPOT 5 ve Farklı Görüntü Birleştirme Algoritmaları, 12. Türkiye Harita Bilimsel ve Teknik Kurultayı. 11 Mayıs- 15 Mayıs, Ankara.

Carper, W.J., Lillesand, T.M., Kiefer, R.W., 1990, The use of Intensity-Hue-Saturation transformations for merging SPOT Panchromatic and Multispectral image data, Photogrammetric Engineering and Remote Sensing, s. 459–67.

Cetin, M., Musaoglu, N., 2009, Merging hyperspectral and panchromatic image data: Qualitative and quantitative analysis, International Journal of Remote Sensing, s. 1779-1804.

Chavez, P. and Kwarteng, A., 1989, Extracting spectral contrast in Landsat Thematic Mapper image using selective principal components analysis. Photogrammetric Engineering and Remote Sensing, s. 339-348.

Chavez, P.S, Side, Jr. S.C., and Anderson, J.A., 1991, Comparison of three different methods to merge multiresolution and multi-sectoral data: Landsat TM and SPOT Panchromatic, Photogrammetric Engineering and Remote Sensing, s. 295-303.

Chen, C., H., 2008, Image Processing for remote sensing, CRC press.

Chibani, Y. and Houacine, A., 2002 ,The joint use of IHS transform and redundant wavelet decomposition for fusing multispectral and panchromaticimages, International Journal of Remote Sensing, s. 3821–3833.

İşlem Şirketler Grubu, Uzaktan Algılama, 2002

Jensen, J., R., 1996, Introductory digital image processing,Prentice hall series in geographic information science.

Mather, M., 2004, Computer Processing of Remotely-Sensed Images, Third Edition,

Mathews J. H., 1992, Numerical methods for mathematics, science, and engineering, Englewood Cliffs, N.J. Prentice Hall.

Munechika, C. K., Warnick, J. S., Salvaggio, C., Schott., J. R., 1993, Resolution enhancement of multispectral image data to improve calssification, Photogramm. Geng. Remote Sens., s. 67-72

Nunez, J., Otazu, X., Fors, O., Prades, A., Pala, V.,and Arbiol, R., 1999 Multiresolution based imaged fusion with additive wavelet decomposition, IEEE Trans. Geoscience Remote Sensing, s. 1204–1211.

Önder, M., 1998, Uydu görüntülerinden ulusal coğrafi bilgi sistemine temel oluşturacak nitelikte topoğrafik harita üretimine veya güncelleştirmesine yönelik analiz ve öneriler, Doktora Tezi, YTÜ, İstanbul.

Özbalmumcu, M., Erdoğan M., Uzaktan algılama amaçlı uydu görüntüleme sistemleri.

Park, B., Windham, W.R., Lawrence, K.C., Smith, D.P., 2007, Contaminant Classsification of Poultry Hypersspectral imagery using a Spectral Angle Mapper, Algorithm, Biosystems Engineering, s. 323-333.

Pohl, C. and Van Genderen, J. L., 1998, Multisensor Image Fusion in Remote Sensing: Concepts, Methods and Applications, International Journal of Remote Sensing, s. 823-854.

Sabuncuoğlu A., 2008, Lineer Cebir, Nobel Yayın Dağıtım, 3. Basım Ekim.

Sunar, F., Musaoğlu N., 1998, Merging Multiresolution Spot P and Landsat TM Data: The Effects and Advantages, International Journal of Remote Sensing, s. 219-224.

Te-Ming Tu, Ping S. Huang, Chung-Ling Hung, and Chien-Png Chang, 2004, A Fast Intensity-Hue-Saturation Fusion Technique With Spectral Adjustment for IKONOS Imagery, IEEE Geoscience And Remote Sensing Letters.

Toet, A., 2010, Structural similarity determines search time and detection probability, Infrared Physics & Technology, s. 464-468

Topçu, M. ,Taşgetiren, **S.,** 1998 Mühendisler için Sonlu Elemanlar Metodu, PAÜ Mühendislik Fakültesi Matbası, Ders kitapları Yayın No: 007, ISBN 975-6992-03-4, DENİZLİ

Tu, T.M., Shun-Chi Su, Hsuen-Chyun Shyu, Ping S. Huang, 2001, A new look at IHS-like image fusion methods, Information Fusion, s. 217.

Yao, W., Han, H., 2010, Improved GIHSA for image fusion based on parameter optimization, International Journal of Remote Sensing, s. 2717-2728.

Zhang, Y., 2002, Problems in the fusion of cemmercial high-resolution satellite as well as LANDSAT-7 images and initial solutions, Symposium on geospatial theory, processing and applications, Ottawa.

Zhang, Y., 2004, Understanding Image Fusion, Photogrammetric Engineering & Remote Sensing, s. 657-661.

Zhou W., Eero, P., 2004, Image Quality Assessment: From Error Visibility to Structural Similarity, IEEE Transactions on Image Procesing.

**EK-1 Kısaltmalar**

| 3B | 3 Boyutlu |
|---|---|
| AVHRR | Advanced Very High Resolution Radiometer |
| BD | Brovey Dönüşümü |
| CBS | Coğrafi Bilgi Sistemleri |
| CCRS | Canada Centre for Remote Sensing |
| DN | Digital Number |
| DWT | Discrete Wavelet Transform |
| ERGAS | Erreur Relative Globale Adimensionnelle de Synthêse |
| FIHS | Fast-Intensity Hue Saturation |
| GIHS | Generilized- Intensity-Hue-Saturation |
| GIHSA | Generilized- Intensity-Hue-Saturation-Adaptive |
| GSD | Ground Sample Distance |
| IFOV | Instantaneous Field of View |
| IHS | Intensity Hue Saturation |
| IPM | Inverse Power Method |
| LWIR | Long Wave Infrared |
| MS | Multispectral |
| MWIR | Mid Wave Infrared |
| NASA | National Aeronautics and Space Administration |
| NDVI | Normalized Difference Vegetation Index |
| NIR | Near Infrared |
| NOAA | National Oceaning and Atmospheric Administration |
| PAN | Pankromatik |
| PCA | Principal Component Analysis |
| PCS | Principal Component Substitution |
| PM | Power Method |
| PMIHS | Power Method IHS |
| RGB | Red,Green,Blue |
| RMSE | Root Mean Square Error |
| SAM | Spectral Angle Mapper |
| SSIM | Structural Similarity Index Method |
| SWIR | Short Wave Infrared |
| TM | Thematic Mapper |
| WT | Wavelet Transform |

**Ek-2 Şekiller**

**Ek-3 Çizelgeler**

yes

I want morebooks!

Buy your books fast and straightforward online - at one of the world's fastest growing online book stores! Environmentally sound due to Print-on-Demand technologies.

Buy your books online at

**www.get-morebooks.com**

---

Kaufen Sie Ihre Bücher schnell und unkompliziert online – auf einer der am schnellsten wachsenden Buchhandelsplattformen weltweit! Dank Print-On-Demand umwelt- und ressourcenschonend produziert.

Bücher schneller online kaufen

**www.morebooks.de**

OmniScriptum Marketing DEU GmbH
Heinrich-Böcking-Str. 6-8
D - 66121 Saarbrücken

Telefax: +49 681 93 81 567-9

info@omniscriptum.de
www.omniscriptum.de

Printed by Books on Demand GmbH, Norderstedt / Germany